U0144715

凝煉知識品味閱讀

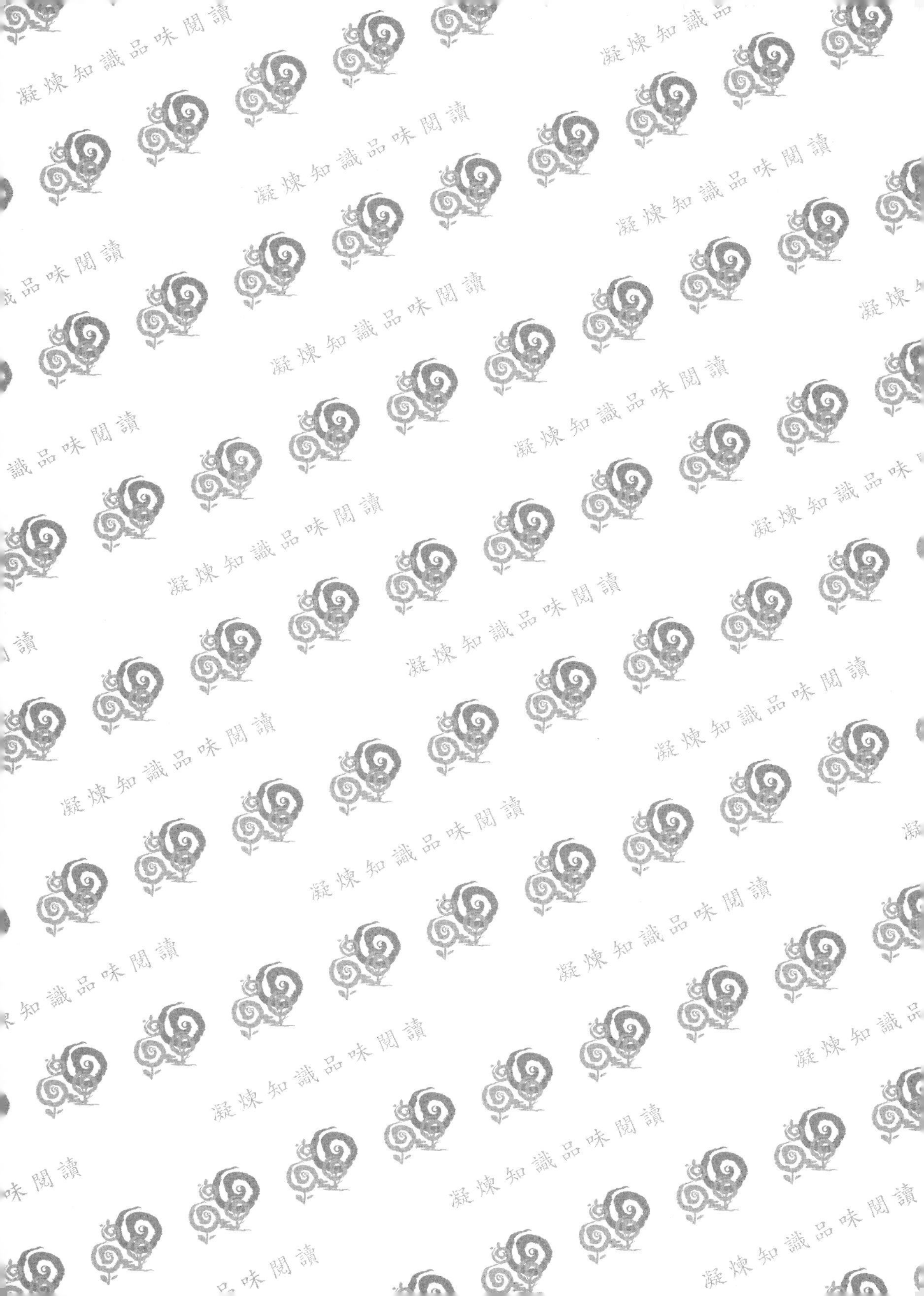
凝煉知識品味閱讀

環境影響評估實務

黃宏斌—著

五南圖書出版公司 印行

作者序

環境影響評估法於中華民國 83 年 12 月 30 日公布，30 年來能夠掌握環境影響評估精髓，順利通過審查之申請案件寥寥可數。爲了讓環境影響說明書或環境影響評估報告書之撰寫和審查更爲順利，除了自 84 學年度第一學期在臺灣大學農業工程學系（生物環境系統工程學系前身）開授環境影響評估實務課程外，利用課餘時間整理相關法規，依據第一階段和第二階段環境影響評估程序，配合課程講義撰寫。全書共分 12 章。首先，第一部分介紹環境問題和我國環境保護政策與發展。接著，第二部分說明環境影響評估作業、規劃管理和環境影響評估執行。第三部分則依據環境影響說明書章節，依序介紹環境影響因子界定、環境現況描述、環境品質相關標準、影響預測、評估影響顯著性和研擬減輕對策。最後介紹民眾參與。全書深入淺出，蒐集現行法規之相關環境品質標準，利於查閱，可以作爲大專校院學生學習、公務人員和業界自修使用。

感念指導教授於作者在學期間的諄諄教誨，謹以此書獻給中興大學何智武教授與臺灣大學陳信雄教授。

黃宏斌

目錄

第一章　環境問題

1-1　緣起

環境問題（Environmental issues）係指人類行爲或自然界本身對生態系統功能所造成之破壞。人類爲了自身需求，如人口增長、過度消費、過度開發、污染和森林砍伐等行爲，直接或間接改變或影響生態環境、生態系統、生物多樣性和自然資源。例如：氣候變遷、環境退化、大規模物種滅絕和生物多樣性喪失等。對環境不利或干擾之因素，如空氣、水體和土壤等品質惡化、環境污染、資源枯竭、生態系統、生態棲地破壞、野生動物滅絕等，都可視爲環境退化。當受損之生態系統無法恢復時，對於人類所居住之環境會是嚴重問題。

1962 年 9 月，美國海洋生物學家 Rachel Carson 在其 *Silent Spring* 一書中提到，依據她自 1950 年晚期以來從事環境保育工作之經驗及其研究成果，讓她相信化學工廠所生產之農藥殺蟲劑已經產生環境問題。尤其是二次大戰期間軍人漫無節制地使用農藥殺蟲劑，已經導致環境受損。

這本書之出版雖然有化學工廠反彈；卻也引起民眾共鳴，以及美國農藥殺蟲劑政策逆轉，全面禁止農業使用 DDT，同時促成美國環境保護署（Environmental Protection Agency）於 1970 年成立。

1-2　環境大事

彙整 Petruzzello, M. 在 *Encyclopedia Britannica* 所列舉之環境大事有：

1. Carson, R.（1962.09）在 *Silent Spring* 一書中，倡議提高全世界對環境污染危險和農藥風險之認知。
2. 世界自然保護聯盟〔The International Union for Conservation of Nature,

IUCN（1964）〕公布受威脅物種紅色名錄（Red List）。

3. 美國（1969.06），Cuyahoga River ablaze，美國 Ohio's Cuyahoga River 漏油事件引發火災燒毀兩座鐵路橋。
4. 美國（1970.04），Earth Day，第一次地球日，激發保育運動。
5. 美國（1970.12）成立 Environmental Protection Agency, EPA。
6. 聯合國（UN）（1972.06）成立聯合國環境署（UN Environment Programme）。
7. 美國（1972.06）禁止使用 DDT，因爲愈來愈多科學證據顯示，DDT 在鳥類和其他生物體中具有生物累積性。
8. 世界自然保護聯盟（The International Union for Conservation of Nature, IUCN）（1973.03）簽訂華盛頓公約（Convention on International Trade in Endangered Species of Wild Fauna and Flora, CITES），以確保國際貿易不會威脅任何物種生存。
9. 美國（1973.12）公布 Endangered Species Act，以保護美國領土內瀕臨滅絕威脅的物種。
10. 美國（1978.08）於 Love Canal, New York，在化學廢棄物掩埋場上之社區地下室發現有毒廢棄物滲漏，造成許多居民染色體損傷特別高。
11. 印度（1984.12），Bhopal chemical disaster，印度一家殺蟲劑工廠洩漏 45 噸異氰酸甲酯，造成 15,000 至 20,000 人死亡，其他約 50 萬接觸者感染呼吸系統疾病或失明。
12. 蘇聯（1986.04），Chernobyl nuclear accident，核電廠爆炸釋放放射性物質，造成 50 人死亡和數千人患有輻射相關疾病。
13. 聯合國環境署（UN Environment Programme, UNEP）（1987.09），簽訂蒙特婁議定書（Montreal Protocol），約定降低破壞臭氧層之化學物質數量。
14. 聯合國成立政府間氣候變化專門委員會（The Intergovernmental Panel on Climate Change, IPCC）（1988），評估全球暖化影響及其因應對

策。

15. 美國（1989.03）Exxon Valdez oil spill，Exxon Valdez 在 Alaska 擱淺洩漏 1,100 萬加侖原油，污染 1,300 英里海岸線與害死當地野生動物。
16. 聯合國（1992.06）成立 Earth Summit 以保護環境方式促進經濟發展。
17. 聯合國（1992.06）簽訂生物多樣性公約（Biodiversity Treaty），促進生物多樣性保育和地球遺傳資源之公平共享。
18. 聯合國氣候變化綱要公約（United Nations Framework Convention on Climate Change, UNFCCC）（1997.12）簽訂京都議定書（Kyoto Protocol），解決全球暖化和減少溫室氣體排放。
19. 美國（2010.04），Deepwater Horizon oil spill，位於 Gulf of Mexico 之 Deepwater Horizon 石油鑽井平台海上漏油造成 11 人、80 萬隻鳥和 6.5 萬隻烏龜死亡。
20. 日本（2011.03），Fukushima accident，地震引發之海嘯導致福島核電廠冷卻系統無法發揮作用，輻射散逸，數千人撤離。
21. 聯合國氣候變化綱要公約（United Nations Framework Convention on Climate Change, UNFCCC）（2015.12）簽訂巴黎協定（Paris Agreement）取代京都議定書。
22. 聯合國（2023.06）簽訂公海條約（The High Seas Treaty），第一個保護公海海洋生物之條約。
23. 聯合國氣候變化綱要公約（United Nations Framework Convention on Climate Change, UNFCCC）（2023.11）於聯合國氣候大會（United Nations Climate Change Conference COP28）決定如何加快減少溫室氣體排放、增強氣候變遷韌性和提供弱勢國家財政和技術支持。

Petruzzello 將這幾件環境大事彙整如表 1-1 所示。從其所列舉之事件類別可以看出，他主要著重於和輻射外洩、漏油、環境保護相關組織之成立。

表 1-1 環境大事（Petruzzello, M.）

作者／國家	事件	年分	說明
Carson, R.	Silent Spring	1962.09	提高全世界對環境污染危險和農藥風險之認知
IUCN	Red List	1964	IUCN 公布受威脅物種紅色名錄
U.S.	Cuyahoga River ablaze	1969.06	美國 Ohio's Cuyahoga River 漏油事件引發火災，燒毀兩座鐵路橋
U.S.	Earth Day	1970.04	第一次地球日，激發保育運動
U.S.	EPA founded	1970.12	–
UN	UNEP founded	1972.06	–
U.S.	DDT banned	1972.06	越來越多科學證據顯示 DDT 在鳥類和其他生物體中具有生物累積性
IUCN	CITES	1973.03	確保國際貿易不會威脅任何物種生存
U.S.	Endangered Species Act	1973.12	保護美國領土內瀕臨滅絕威脅物種
U.S.	Love Canal, New York	1978.08	在化學廢棄物掩埋場上之社區地下室發現有毒廢棄物滲漏，造成許多居民染色體損傷特別高
India	Bhopal chemical disaster	1984.12	印度一家殺蟲劑工廠洩漏 45 噸異氰酸甲酯，造成 15,000 至 20,000 人死亡，其他約 50 萬接觸者感染呼吸系統疾病或失明
Soviet Union	Chernobyl nuclear accident	1986.04	核電廠爆炸釋放放射性物質，造成 50 人死亡和數千人患有輻射相關疾病
UNEP	Montreal Protocol	1987.09	降低破壞臭氧層之化學物質數量

作者／國家	事件	年分	說明
UN	IPCC founded	1988	評估全球暖化影響及其因應對策
U.S.	Exxon Valdez oil spill	1989.03	Exxon Valdez 在 Alaska 擱淺洩漏 1,100 萬加侖原油，污染 1,300 英里海岸線與害死當地野生動物
UN	Earth Summit	1992.06	以保護環境方式促進經濟發展
UN	Biodiversity Treaty	1992.06	促進生物多樣性保育和地球遺傳資源之公平共享
UNFCCC	Kyoto Protocol	1997.12	解決全球暖化和減少溫室氣體排放
U.S.	Deepwater Horizon oil spill	2010.04	位於 Gulf of Mexico 之 Deepwater Horizon 石油鑽井平台海上漏油，造成 11 人、80 萬隻鳥和 6.5 萬隻烏龜死亡
Japan	Fukushima accident	2011.03	地震引發之海嘯導致福島核電廠冷卻系統無法發揮作用，輻射散逸，數千人撤離
UNFCCC	Paris Agreement	2015.12	取代京都議定書
UN	High Seas Treaty	2023.06	第一個保護公海海洋生物之條約
UNFCCC	COP28	2023.11	決定如何加快減少溫室氣體排放、增強氣候變遷韌性和提供弱勢國家財政和技術支持

依據此架構，臺灣歷年所發生之環境大事也可如表 1-2 所示：

表 1-2　臺灣環境大事

1975	二仁溪旁燃燒廢五金
1977	桃園蘆竹中福地區農地種出鎘米
1987.08	成立環境保護署
1987.10	公布「現階段環境保護政策綱領」
1988.08	與師大合辦設立「環境教育中心」
1988.09	成立 12 縣市環保局
1990.01	成立環境檢驗所
1990.07	管制新汽車出廠一律限用無鉛汽油
1991.07	成立環境保護人員訓練所
1992.11	發布修正「加強推動環境影響評估後續方案」
1994.01	成立「環境影響評估審查委員會」
1994.08	成立「行政院全球變遷政策指導小組」
1994.12	發布《環境影響評估法》
1995.03	臺灣北部因沙塵暴出現泥雨
1997.08	「行政院全球變遷政策指導小組」擴大爲「行政院國家永續發展委員會」
1997.09	公告「政府政策環境影響評估作業要點」
1997.12	發布「開發行爲環境影響評估作業準則」
1999.09	921 集集大地震
1999.12	公告「環境影響評估案件審查作業原則」
2000.12	發布「政府政策環境影響評估作業辦法」
2002.12	公布《環境基本法》
2003.07	頒布「生態工法推動小組設置要點」
1977.02	布拉格郵輪於基隆嶼外海擱淺，原油洩漏
2001.01	阿瑪斯號貨輪於墾丁海域擱淺，漏油污染
2005.01	行政院核定「氣候變遷暨京都議定書因應小組」

2006.01	全國實施垃圾強制分類
2006.04	召開首屆「國家永續發展會議」
2008.01	成立「溫室氣體減量管理辦公室」
2008.11	Morning Sun 貨輪於石門外海擱淺，重油外漏
2010.06	公布《環境教育法》
2011.10	瑞興輪貨輪於基隆大武崙擱淺，油料外漏
2015.07	公布《溫室氣體減量及管理法》
2016.03	德翔台北輪於石門外海擱淺，燃料重油外洩
2023.01	《溫室氣體減量及管理法》修正爲《氣候變遷因應法》
2023.07	天使號貨輪於高雄外海沉沒，貨櫃漂流，漏油污染
2023.12	喀麥隆籍貨輪在吉貝海域擱淺，漏油污染
2023.08	環保署改制爲環境部
2024.04	403 花蓮地震

整理這幾十年來世界各地經常發生之環境問題有下列 12 項：

1. 污染問題：空氣污染、水污染、土地污染和噪音等。

   由於工業或經濟發展所導致的短期或長期之空氣污染。空氣污染之短期影響包含眼、鼻刺激、呼吸器官受損、頭暈或頭痛等；長期影響如致癌、氣喘、神經系統或肝、腎等器官受損。

   水污染爲適合飲用、清潔、游泳或水棲生物棲地之乾淨天然水資源遭受污染。化學物質排放、漏油和廢棄物傾倒爲水污染之主要原因，水污染會導致傷寒、霍亂等疾病，以及水棲生物死亡等。

   土地污染係未依規定傾倒固體或液體廢棄物污染地表、土壤或地下水。土地污染會導致飲用水污染、土壤污染，以及土壤肥力減損、野生動物瀕危等。

2. 森林砍伐：森林砍伐爲環境問題之主要原因。人類因爲耕種、畜牧面積增加、城鄉發展、都市擴張或礦物、能源開採而伐除森林。其中，還包含不當利益所產生之非法盜伐。森林可以利用大氣中之二氧化碳進行光合作用釋放氧氣，涵養水資源，以及增加山坡地之邊坡穩定度和降低土壤沖蝕深度。森林砍伐會惡化氣候變遷、土壤沖蝕、海洋酸化，以及增加溫室氣體排放和加速全球暖化。

3. 垃圾掩埋場：大部分垃圾掩埋場位於城市周邊，用來掩埋生活或事業廢棄物。垃圾掩埋場爲環境問題之潛在原因，該場址會釋放臭味、二氧化碳和甲烷等。沒有妥善處理甲烷之掩埋場容易引發廢棄物燃燒產生戴奧辛，經由垃圾掩埋場滲漏之雨水會污染地下水。鄰近溪流、湖泊之掩埋場需要設置污染防制設施，避免污染水質。
4. 人口增加：人口增加會提高地球之農業生產、能源供應等壓力，城鄉發展和交通運輸增加森林砍伐面積和石化燃料使用，產生大量二氧化碳。廢棄物增多亦提高空氣、水和土地污染機會。
5. 天然災害：地震、颱風、颶風或龍捲風、洪水、坡地災害（山崩、地滑、土石流或雪崩）等類型之天然災害，可以摧毀動、植物之棲地。人類活動可以影響氣候，極端氣候事件產生之天然災害轉而影響人類生活與經濟活動，以及動、植物棲地環境。
6. 製造無法生物降解之廢棄物：人類製造大量無法生物降解之廢棄物，如農藥、塑膠瓶、人造橡膠、核廢料等。這類廢棄物可以堵塞排水系統、污染土地、農地和水體。動物因爲攝取這類廢棄物無法消化而致死案例很多。
7. 塑膠污染：塑膠產製品因爲用途廣泛，如容器、包裝材料或緩衝材料等，目前已經有過度生產之現象。由於塑膠不容易分解，塑膠廢棄物污染土壤、水體和食物來源。動物，尤其是水棲生物，被塑膠廢棄物圈套而致死之案例越來越多。
8. 臭氧層破損：地球上空之臭氧層可以吸收部分對人體有害之紫外線。臭氧層破損會影響人類和水陸域生物之健康。過量紫外線會導致皮膚癌和白內障；氟氯化物、甲基氯仿、四氯化碳等化學物質會破壞臭氧層。

9. 全球暖化：水蒸氣、二氧化碳、甲烷等溫室氣體會吸收太陽輻射，增加地球溫度。全球暖化容易導致乾旱、熱浪、極端降雨、超級颱風、海平面上升、冰帽融化、海洋酸化等。全球暖化主要因原油探勘、天然氣、化石燃料燃燒、呼吸作用和燃油汽車使用量增加等。
10. 農業發展：農業、畜牧業和漁業養殖不僅導致森林砍伐，也產生溫室氣體、生物多樣性喪失和土壤劣化。施肥容易產生氧化亞氮，殺蟲劑和除草劑容易污染空氣和水體；水稻田和反芻動物容易釋放甲烷。
11. 生物多樣性喪失：森林砍伐、農地擴充、土地利用改變、土地污染等人類活動會導致生物多樣性喪失；殺蟲劑會傷害無辜物種和破壞生態系統。
12. 核廢料：核廢料爲核分裂之副產物。核廢料如果進入人類或野生動物之棲地或水體，容易引發癌症、基因破壞或突變。

1-3　海上漏油事件

除了上述經常發生之環境問題外，越來越多之船隻海上漏油導致油污染事件，已經成爲臺灣海洋環境之嚴重問題。

臺灣北部海域是基隆港與臺北港之進出門戶，也是東北亞地區相當重要之國際航道，由於氣候、海象、地形等因素，近幾十年來船難事故或海洋污染事件越來越多，尤其是 2001 年 2 月至 2007 年 12 月間，7 年內就發生 94 件事故（環境部，2008）。

饒辰書等人（2023）根據行政院海洋委員會海洋保育署統計，從 2003 年到 2023 年之間，臺灣共發生 552 起海洋漏油事件，平均每年發生 27.6 件海洋漏油事件。近 10 年之漏油事件更是越來越嚴重，例如：2013 年共發生 19 件；2022 年則是 51 件。而 2023 年 1 月至 9 月間就已發生 52 件。因此，臺灣地區之海洋漏油事件已經是嚴重之環境問題。依據海洋保育署之分析報告，這些海洋漏油事件主要集中在高雄、澎湖、臺東、新北與金門等 5 個地區，這 5 縣市之事件總數，占臺灣海洋漏油事件總數之 56%。

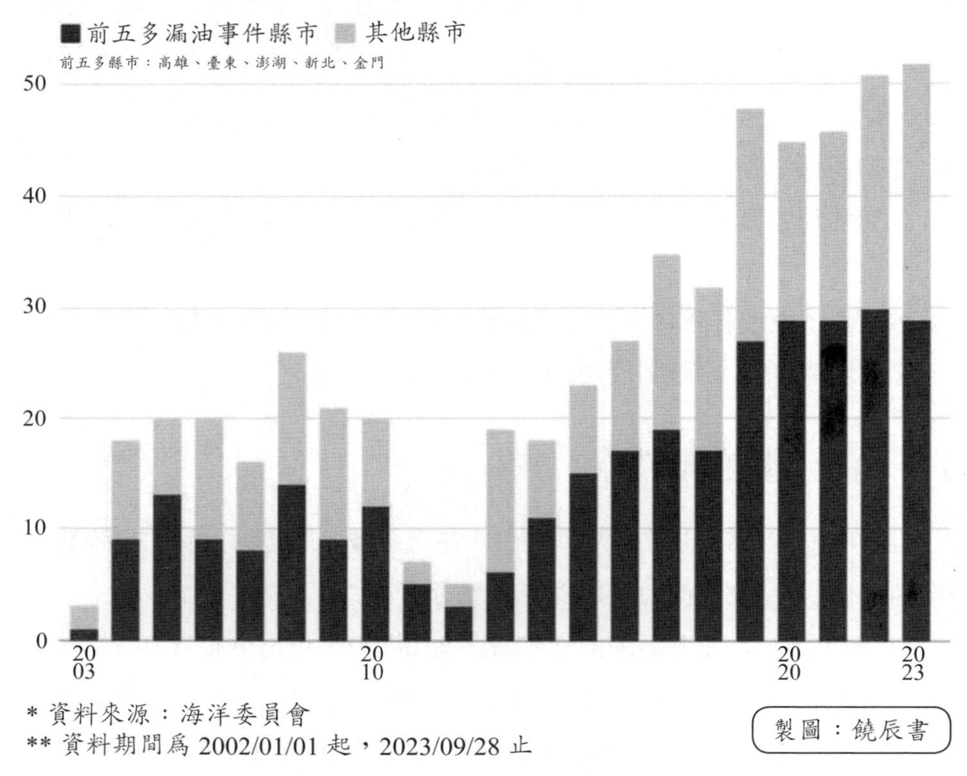

圖 1-1　臺灣漏油事件（2003-2023 年）（饒等，2023）

1-4　路殺

道路對生態影響包含車輛之廢氣、廢油、輪胎屑等，廢氣含有重金屬和有機化合物等空氣污染物，以及噪音、振動、光害，加速外來種入侵。

道路闢建經常切割棲地，導致動物穿越道路時發生車禍造成傷亡，稱爲路殺。歐美國家自 1960 年以來陸續統計路殺數量如表 1-3 所示。

表 1-3　歐美國家路殺動物數量統計

國家	年代	動物類群	全國每年死亡數量
美國	1960	脊椎動物	365 百萬隻
芬蘭	2002	脊椎動物	6.5 百萬隻
瑞典	1998	鳥類	8.5 百萬隻
英國	1966	鳥類	4 百萬隻
澳洲	1983	兩棲類	5 百萬隻
丹麥	1982	兩棲類	3 百萬隻

我國路殺統計資料來自陽明山國家公園管理處、林業保育署和高速公路局 3 個單位。記錄之地點與記錄年如下：

1. 陽明山國家公園管理處：2008 年 3 月至 10 月間。
2. 林業保育署：2013 全年，桶后、宜專一線，以及翠峰、大雪山、大鹿和樂山林道。
3. 高速公路局：2009 年 2 月～2018 年 8 月底。

路殺統計數量如表 1-4 所示。

表 1-4　我國路殺動物數量統計

陽管處			林務局		高公局
類別	種	隻數	種	隻數	隻數
哺乳類	11	163	13	51	3,073
鳥類	11	45	17	53	46,643
爬行類	38	3,000	46	590	1,540
兩棲類	16	8,059	11	1,825	-
非野生動物	-	-	-	-	16,872
合計	76	11,267	87	2,519	68,128

路殺種類以中小型鳥類最多，其次爲非野生動物的貓狗。

第二章　我國環境保護政策與發展

2-1　永續發展

我國環境基本法（2002）定義環境係指影響人類生存與發展之各種天然資源，及經過人爲影響之自然因素總稱，包括陽光、空氣、水、土壤、陸地、礦產、森林、野生生物、景觀及遊憩、社會經濟、文化、人文史蹟、自然遺跡及自然生態系統等。爲了提升環境品質，增進國民健康與福祉，維護環境資源，追求永續發展，就必須推動環境保護工作。其中，永續發展係指滿足當代需求，而不損及後代需求之發展。

基於國家長期利益，經濟、科技及社會發展都應該同時兼顧環境保護。但是當經濟、科技及社會發展對環境有嚴重不良影響或有危害之虞時，應該以環境保護爲優先。

美國國家環境政策法（National Environmental Policy Act, 1969）建立全球第一個環境影響評估制度，以環境管理者身分履行其對爾後世代之責任，對全體美國人保障其擁有安全、健康、豐饒與合乎美學及富文化內涵之環境。在不降低環境品質、危害健康安全或引起其他不良與不應有之惡果的情況下，獲致對環境最充分之利用。保存重要歷史、文化及自然方面之國家遺產，並盡可能維持足以提高個人多樣選擇機會之環境。達成人口與資源運用間之平衡，讓國人享有高度生活水準及普遍舒適之生活。

人類造成環境破壞係屬全球性、持續性問題，目前已經出現之主要環境問題有氣候變遷、污染、環境退化和資源枯竭等。聯合國環境署（UN Environment Programme, UNEP）於 2021 年發布的《與自然和平共處》（Making Peace With Nature）報告中提出，如果各方努力實現永續發展目標，則污染、氣候變遷和生物多樣性喪失等主要危機將可解決。接著，再來解決環境退化和資源枯竭等問題。

2-2 環境退化

環境退化係環境滿足社會和生態目標及需求之能力降低〔聯合國減少災害風險辦公室（UN Office for Disaster Risk Reduction, UNDRR）〕。環境退化有多種類型，當棲息地破壞或自然資源耗盡時環境就會退化。解決環境退化包括環境保護和環境資源管理，資源開採、資源被剝奪、危險廢棄物棄置或森林資源利用等環境資源管理不善而發生環境退化，也會導致環境衝突。

2-3 環境保護

環境保護不是事業或政府機關依據法令規定應該執行之工作，而是國民、事業及各級政府應該共同擔負環境保護之義務與責任，爲永續自然環境和人類福祉而保護環境之作爲。

2-4 環保行政體系與環評政策發展

我國環境保護業務早期係由衛生局處、衛生署轄管，直到 1987 年 8 月成立行政院環境保護署，才有環境保護業務專屬機構，2023 年 8 月改制爲環境部，下轄綜合規劃、環境保護、大氣環境、水質保護和監測資訊等 5 個司級單位，以及氣候變遷署、資源循環署、化學物質管理署、環境管理署和國家環境研究院等 5 個機關 / 構。

一、衛生局處轄管階段

（一）1971 年 3 月以前

1. 內政部設衛生司負責環境衛生。
2. 經濟部於 1969 年成立工業局負責工業廢氣、廢水及公害防治協調等事項。

（二）1947 年臺灣省政府成立，由衛生處負責公害防治及環境衛生之改善暨輔導；1955 年衛生處設置環境衛生實驗所負責飲用水、污水、空氣污染、放射線衛生與噪音防制等業務；1974 年建設廳成立水污染防治所，掌理水污染防治相關業務。

（三）各縣市於 1962 年指定衛生局主辦環境衛生業務。

（四）1968 年 10 月，臺北市成立環境清潔處，衛生局負責公害防治業務。

二、衛生署轄管階段

（一）1971 年 3 月，行政院衛生署成立，下設環境衛生處；經濟部成立水資源統一規劃委員會掌理水污染防治事項。

（二）1972 年 5 月，高雄市成立清潔管理所，1979 年 7 月改制直轄市，擴大編制爲環境管理處。

（三）1980 年 6 月，行政院通過引進環境影響評估技術列入全國科技發展方案。

（四）1980 年 7 月，行政院決議擇定部分重大建設計畫或工程，試辦環境影響評估報告。

（五）1982 年 1 月，行政院衛生署環境衛生處升格爲「環境保護局」，除原有環境保護業務外，新增環境影響評估。

（六）1983 年 8 月，臺灣省政府將水污染防治所與環境衛生實驗所合併成立臺灣省環境保護局，隸屬臺灣省衛生處。

（七）1983 年 10 月，行政院決議凡對環境可能造成重大影響之法案或措施，應進行環境影響評估。

（八）自 1984 年 9 月起，各縣市政府衛生局掌理環境保護事宜。

（九）1985 年，通過「加強推動環境影響評估方案」

三、環境保護專屬機關

（一）1987 年 8 月，行政院衛生署環境保護局升格爲「行政院環境保護署」。

（二）1988 年 1 月，臺灣省政府將環境保護局改制爲臺灣省環境保護處。
1999 年 7 月，配合精省作業改制爲環保署中部辦公室，2002 年 3 月併入環保署，改制爲環境督察總隊。
除了連江縣於 2003 年才成立外，各縣市政府於 1988 年至 1991 年間先後設立環境保護局。

（三）991 年 4 月，核定「加強推動環境影響評估後續方案」。

（四）1994 年 12 月，完成《環境影響評估法》立法。

（五）1998 年 7 月，通過「國家環境保護計畫」。

（六）2000 年 4 月，成立行政院國家永續發展委員會。

（七）2002 年 12 月，公布施行《環境基本法》。

（八）2010 年 6 月，公布施行《環境教育法》。

四、2023年8月，改制為「環境部」。

2-5 環境影響評估相關法規

環境基本法爲我國環境保護之基本大法，開宗明義說明環境保護推動之目標係爲提升環境品質，增進國民健康與福祉，維護環境資源與追求永續發展。

同時定義環境係指影響人類生存與發展之各種天然資源及經過人爲影響之自然因素總稱，包括陽光、空氣、水、土壤、陸地、礦產、森林、野生生物、景觀及遊憩、社會經濟、文化、人文史蹟、自然遺跡及自然生態系統等；以及永續發展目標係指做到滿足當代需求，同時不損及後代滿足其需要之發展。因此，基於國家長期利益，經濟、科技及社會發展均應兼顧環境保護。但是經濟、科技及社會發展對環境有嚴重不良影響或有危害之虞者，應以環境保護優先。

一、環境影響評估經常使用之法規

1. 環境教育法
2. 環境影響評估法
3. 空氣污染防制法
4. 室內空氣品質管理法
5. 噪音管制法
6. 水污染防治法
7. 飲用水管理條例
8. 土壤及地下水污染整治法
9. 廢棄物清理法

二、環境影響評估法相關子法

1. 開發行爲應實施環境影響評估細目及範圍認定標準
2. 開發行爲環境影響評估作業準則
3. 政府政策環境影響評估作業辦法
4. 政府政策評估說明書作業規範
5. 應實施環境影響評估之政策細項
6. 環境影響評估法施行細則

第三章　環境影響評估作業

3-1　環境影響評估

環境基本法第 24 條規定，中央政府應建立環境影響評估（以下簡稱環評）制度，預防及減輕政府政策或開發行爲對環境造成之不良影響。另外，環境影響評估法（以下簡稱環評法）第 1 條開宗明義說明，環評係爲預防及減輕開發行爲對環境造成不良影響，藉以達成環境保護之目的。

環評爲開發行爲或政府政策對環境包括生活環境、自然環境、社會環境及經濟、文化、生態等可能影響之程度及範圍，事前以科學、客觀、綜合之調查、預測、分析及評定，提出環境管理計畫，並公開說明及審查。環評工作包括第一階段、第二階段環評及審查、追蹤考核等程序。因此，沒有開發行爲就不需要執行環評作業。

3-2　開發行爲

環評法第 5 條規定之開發行爲有：

1. 工廠之設立及工業區之開發。
2. 道路、鐵路、大眾捷運系統、港灣及機場之開發。
3. 土石採取及探礦、採礦。
4. 蓄水、供水、防洪排水工程之開發。
5. 農、林、漁、牧地之開發利用。
6. 遊樂、風景區、高爾夫球場及運動場地之開發。
7. 文教、醫療建設之開發。
8. 新市區建設及高樓建築或舊市區更新。
9. 環境保護工程之興建。

10. 核能及其他能源之開發及放射性核廢料儲存或處理場所之興建。

除了上述 10 種類型外，其他經中央主管機關公告者也屬於開發行爲。開發行爲之範圍，包括該行爲之規劃、進行及完成後之使用。

3-3 開發行爲基地區位

開發行爲基地不得位於相關法律所禁止開發利用之地區，以及位於相關法令所限制開發利用之地區，應不得違反該法令之限制規定。如果位於環境敏感地區者，除敘明選擇該地區爲開發行爲基地之原因外，應詳予評估區內應保護之範圍及對象，並納入環境保護對策。（作業準則第 8 條）

由於禁止開發利用或限制開發利用，以及環境敏感地區之相關法令繁多，一一查詢難免掛一漏萬，目前內政部國土管理署環境敏感地區單一窗口查詢平台提供包含全國區域計畫之 60 項環境敏感地區和海岸管理法劃定公告之「特定區位」，方便開發單位查詢使用。其中，「第一級環境敏感地區」之「一級海岸保護區」，包含依海岸管理法所劃設之「一級海岸保護區」及「臺灣沿海地區自然環境保護計畫」所劃設之「自然保護區」。表 3-1 爲第一級環境敏感地區調查表。

表 3-1 第一級環境敏感地區調查表

分類		項目	查詢結果及限制內容
災害敏感	1	特定水土保持區	□是□否 限制內容：
	2	河川區域	□是□否 限制內容：
	3	洪氾區一級管制區及洪水平原一級管制區	□是□否 限制內容：
	4	區域排水設施範圍	□是□否 限制內容：

分類		項目	查詢結果及限制內容
	5	活動斷層兩側一定範圍	□是□否 限制內容：
生態敏感	6	國家公園區內之特別景觀區、生態保護區	□是□否 限制內容：
	7	自然保留區	□是□否 限制內容：
	8	野生動物保護區	□是□否 限制內容：
	9	野生動物重要棲息環境	□是□否 限制內容：
	10	自然保護區	□是□否 限制內容：
	11	一級海岸保護區	□是□否 限制內容：
	12	國際級重要濕地或國家級重要濕地核心保育區、生態復育區	□是□否 限制內容：
文化景觀敏感	13	古蹟保存區	□是□否 限制內容：
	14	考古遺址	□是□否 限制內容：
	15	重要聚落建築群	□是□否 限制內容：
	16	重要文化景觀	□是□否 限制內容：
	17	重要史蹟	□是□否 限制內容：
	18	水下文化資產	□是□否 限制內容：
	19	國家公園內之史蹟保存區	□是□否 限制內容：

分類		項目	查詢結果及限制內容
資源利用敏感	20	飲用水水源水質保護區或飲用水取水口一定距離內之地區	□是□否 限制內容：
	21	水庫集水區（供家用或供公共給水）	□是□否 限制內容：
	22	水庫蓄水範圍	□是□否 限制內容：
	23-1	森林（國有林事業區、保安林等森林地區）	□是□否 限制內容：
	23-2	森林（區域計畫劃定之森林區）	□是□否 限制內容：
	23-3	森林（大專院校實驗林地及林業試驗林地等森林地區）	□是□否 限制內容：
	24	溫泉露頭及其一定範圍	□是□否 限制內容：
	25	水產動植物繁殖保育區	□是□否 限制內容：
	26	優良農地	□是□否 限制內容：

註：整理自作業準則附件二。

「第二級環境敏感地區名錄」之「二級海岸保護區」，包含依海岸管理法所劃設之「二級海岸保護區」及「臺灣沿海地區自然環境保護計畫」所劃設之「一般保護區」。

表 3-2 爲第二級環境敏感地區調查表，表 3-3 爲其他經中央主管機關認定有必要調查之環境敏感地區。

表 3-2　第二級環境敏感地區調查表

分類		項目	查詢結果及限制內容
災害敏感	1	地質敏感地區（活動斷層、山崩與地滑、土石流）	□是□否 限制內容：
	2	洪氾區二級管制區及洪水平原二級管制區	□是□否 限制內容：
	3	嚴重地層下陷地區	□是□否 限制內容：
	4	海堤區域	□是□否 限制內容：
	5	淹水潛勢	□是□否 限制內容：
	6	山坡地	□是□否 限制內容：
	7	土石流潛勢溪流地區	□是□否 限制內容：
	8	「莫拉克颱風災後重建特別條例」劃定公告之『特定區域』，尚未公告廢止之範圍」	□是□否 限制內容：
生態敏感	9	二級海岸保護區	□是□否 限制內容：
	10	海域區	□是□否 限制內容：
	11	國家級重要濕地核心保育區、生態復育區以外分區以及地方級重要濕地核心保育區、生態復育區	□是□否 限制內容：
文化景觀敏感	12	歷史建築	□是□否 限制內容：
	13	聚落建築群	□是□否 限制內容：
	14	文化景觀	□是□否 限制內容：

分類		項目	查詢結果及限制內容
	15	紀念建築	□是□否 限制內容：
	16	史蹟	□是□否 限制內容：
	17	地質敏感區（地質遺跡）	□是□否 限制內容：
	18	國家公園內之一般管制區及遊憩區	□是□否 限制內容：
資源利用敏感	19	水庫集水區（非供家用或非供公共給水）	□是□否 限制內容：
	20	自來水水質水量保護區	□是□否 限制內容：
	21	優良農地以外之農業用地	□是□否 限制內容：
	22	礦區（場）、礦業保留區、地下礦坑分布地區	□是□否 限制內容：
	23	地質敏感區（地下水補注）	□是□否 限制內容：
	24	人工魚礁區及保護礁區	□是□否 限制內容：
其他	25	《氣象法》之禁止或限制建築地區	□是□否 限制內容：
	26	《電信法》之禁止或限制建築地區	□是□否 限制內容：
	27	《民用航空法》之禁止或限制建築地區或高度管制範圍	□是□否 限制內容：
	28	航空噪音防制區	□是□否 限制內容：
	29	核子反應器設施周圍之禁制區及低密度人口區	□是□否 限制內容：

分類		項目	查詢結果及限制內容
	30	公路兩側禁建、限建地區	□是□否 限制內容：
	31	大眾捷運系統兩側禁建、限建地區	□是□否 限制內容：
	32	鐵路兩側限建地區	□是□否 限制內容：
	33	海岸管制區、山地管制區、重要軍事設施管制區之禁建、限建地區	□是□否 限制內容：
	34	要塞堡壘地帶	□是□否 限制內容：
	35	其他依法劃定應予限制開發或建築之地區	□是□否 限制內容：

註：整理自作業準則附件二。

表 3-3　其他經中央主管機關認定有必要調查之環境敏感地區

項目		查詢結果及限制內容
1	空氣污染三級防制區	□是□否 限制內容：
2	第一、二類噪音管制區	□是□否 限制內容：
3	水污染管制區	□是□否 限制內容：
4	土壤或地下水污染控制場址	□是□否 限制內容：
5	土壤或地下水污染整治場址	□是□否 限制內容：
6	排放廢（污）水之承受水體，自預定放流口以下至出海口前之整體流域範圍內，是否有取用地面水之自來水取水口	□是□否 限制內容：

	項目	查詢結果及限制內容
7	排放廢（污）水之承受水體，自預定放流口以下20公里內，是否有農田水利主管機關之灌溉用水取水口	□是□否 限制內容：
8	原住民保留地	□是□否 限制內容：
9	原住民族傳統領域土地	□是□否 限制內容：
10	都市計畫之保護區	□是□否 限制內容：
11	國家風景區或其他風景特定區	□是□否 限制內容：

註：整理自作業準則附件二。

另外，其他機關也提供下列圖資：

1. 水利署地理資訊倉儲中心可以查詢嚴重地層下陷地區範圍圖資。
2. 水利署水庫集水區暨自來水水質水量保護區查詢系統可以查詢水庫集水區、自來水水質水量保護區範圍、飲用水水源水質保護區及取用水口一定距離和水源特定區圖。
3. 農田水利署農業資料開發平台可以查詢農田水利灌排渠道系統圖。

3-4 開發行爲基地之規劃原則

作業準則第26條和27條分別針對基地特性和海岸地區之規劃原則。

一、基地特性

1. 應避免使用地質敏感或坡度過陡之土地。
2. 開發行爲基地林相良好者，應予盡量保存，並有相當比率之森林綠覆面積。
3. 開發行爲基地動植物生態豐富者，應予保護。

4. 應考量生態工程，並維持視覺景觀之和諧。
5. 開發行為基地與下游影響區之間，應有適當之緩衝帶，或具緩衝效果之遮蔽或阻隔等替代性措施。

二、海岸地區

1. 避免影響重要生態棲地或生態系統之正常機能。
2. 避免嚴重破壞水產資源。
3. 避免海岸侵蝕、淤積、地層下陷、陸域排洪影響等。
4. 避免破壞海洋景觀、遊憩資源及水下文化資產。
5. 維持親水空間。

3-5　評估與撰寫原則

一、環境品質評估

開發行為對環境之影響及環境品質之評估，均應符合相關環境保護法令之規定。為了因應環境特性，開發單位應採用更嚴格之約定值、最佳可行污染防制（治）技術、總量抵減措施或零排放等方式為之，以符合環境品質標準或使現已不符環境品質標準者不致繼續惡化。其中，約定值係指開發單位評估環境負荷後設定之排放值，或於說明書、評估書初稿、評估書所作之承諾值，或是主管機關於審查時之設定值。（作業準則第 4 條）

經常於審查會議出現之爭議為開發單位僅提出符合相關環境保護法令規定之開發行為；而沒有因應環境特性採用更嚴格之約定值。更嚴重者如為了通過審查，提出最嚴格之承諾值，或是隨意答應審查會議委員或主管機關之約定值或設定值，等通過後發現財務無法負擔或國內技術不易達成時才辦理變更作業。

二、撰寫原則

說明書、評估書初稿和評估書內容之編排與陳述，應符合下列原則：（作業準則第 12 條）

1. 內容應有焦點，著重於與開發行爲有關之結構性與關鍵性環境影響項目。
2. 立論應有依據，其單項或綜合之環境影響分析，必須有客觀、科學之依據。
3. 結論應具體清楚，條理清晰、文字淺顯易懂、內容具體。

有些說明書初稿在撰寫時尚未確定開發型式，甚至規模或數量，以至於焦點模糊，立論閃爍，甚至前後矛盾，導致評估失真，減輕對策沒有切中重點，審查會議很難下結論。

三、精準數據

作業準則第 10 條、13 條、14 條對於說明書之數據有相關規定。

1. 環境品質現況調查應優先引用政府機關已公布之最新資料，或其他單位長期調查累積之具代表性資料，如不引用時，應進行現地調查，並敘明理由。
2. 開發單位評估開發行爲對環境之影響，其影響程度、範圍及對象可量化者，應於適當比例尺之圖件上標明其分布、數量或以數據量化敘述。
3. 開發單位預測開發行爲對環境之影響所引用之各項環境因子預測推估模式，應敘明引用模式之適用條件、設定或假設之重要參數以及應用於開發行爲之精確性與適當性。

以圖表標明分布、數量，或是以數據量化敘述可以協助審閱者在最短時間內了解報告內容。另外，敘明引用模式之適用條件、設定或假設之重要參數，才能夠確認預測影響之精確性。經常發生之錯誤爲該模式之適用條件並不適用於該開發案；前後使用之參數不一致；在沒有政府公布之最新資料或長期具代表性資料時，沒有使用現地調查資料，逕自使用假設參數推估環境品質等。

四、意見處理

評估書對於有關機關、當地居民意見處理情形，應包括：

1. 就意見之來源與內容作彙整條列，並逐項作說明。
2. 意見採納之情形及未採納之原因。
3. 意見修正之說明。（施行細則第 23 條）

3-6　第一階段環評

一、確認開發行為與開發行為基地區位

開發單位，亦即自然人、法人、團體或其他從事開發行爲者（施行細則第 7 條）在確認開發行爲屬於環評法列舉之 10 項開發行爲後，接著需要檢視開發行爲基地是否位於相關法律所禁止開發利用或限制開發利用之地區。開發行爲基地區位不得位於相關法律所禁止開發利用之地區。如果位於限制開發利用地區，則必須檢討使用該地區之必要性，盡可能避免利用外，在最小利用面積原則下，也不得違反該法令之限制規定。

同樣地，如果位於環境敏感地區者，也需要檢討使用該地區之必要性，盡可能避免利用外，在最小利用面積原則下，敘明選擇該地區爲開發行爲基地之原因，同時詳細評估區內應保護之範圍及對象，並納入環境保護對策。

二、不良影響之虞

在確認開發行爲基地區位與開發行爲後，當開發行爲對環境有不良影響之虞者，就應該實施環評作業。亦即開發單位於規劃時，應依環境影響

評估作業準則（以下簡稱作業準則），實施第一階段環評，並作成環境影響說明書（以下簡稱說明書）。其中，規劃為可行性研究、先期作業、準備申請許可，或是其他經中央主管機關認定為有關規劃之階段行為（施行細則第 8 條）。

自環評法實施以來，開發單位於規劃階段，如可行性研究或先期作業階段期間，就已經依據作業準則嚴謹預測開發行為之環境影響，以及評估影響範圍和規模，並提出減輕對策納入說明書內，則審查過程會比較順利。

依據環境影響評估法施行細則（以下簡稱施行細則）第 6 條，所謂不良影響之虞者，係指開發行為有下列情形之一者：

1. 引起水污染、空氣污染、土壤污染、噪音、振動、惡臭、廢棄物、毒性物質污染、地盤下陷或輻射污染公害現象者。
2. 危害自然資源之合理利用者。
3. 破壞自然景觀或生態環境者。
4. 破壞社會、文化或經濟環境者。
5. 其他經中央主管機關公告者。

三、檢視開發行為區位與規模

環評法規範開發行為對環境有不良影響之虞者，應該實施環評，開發行為應實施環境影響評估細目及範圍認定標準（以下簡稱認定標準），係依據開發行為之區位、興建或擴建規模決定是否應實施環評之條件。因此，開發單位必須依據認定標準之各項細目，一一檢視開發行為是否應實施環評。

認定標準第 3 條至第 41 條針對工廠設立；園區興建或擴建；道路、鐵路、大眾捷運系統、港灣、機場開發；土石採取；探礦、採礦；蓄水；供水、抽水或引水工程；防洪排水工程開發；農、林、漁、牧地開發利用；林地或森林開發利用之林木砍伐；畜牧場興建或擴建；遊樂、風景區開發；旅館或觀光旅館興建或擴建；高爾夫球場、運動場地、運動公園開發；文教建設開發；醫療建設、護理機構、社會福利機構開發；新市區建設、高樓建築、舊市區更新；環境保護工程興建；能源或輸變電工程開發；放射性廢棄物貯存或處理設施；工商綜合區、大型購物中心、展覽會（館）、博覽會、會展中心、殯葬設施、屠宰場、動物收容所興建或擴建；天然氣或油品管線、貯存槽開發；軍事營區、海岸（洋）巡防營區、飛彈試射場、靶場或雷達站興建或擴建；空中纜車興建或延伸；矯正機關、保安處分處所或其他以拘禁、感化爲目的之收容機構興建或擴建；深層海水之開發利用，其興建、擴建或擴增抽取水量；設置氣象設施等 39 項開發行爲訂定應實施環境影響評估之規定。

另外，符合一定規模之地下街工程、港區之水泥儲庫、山坡地露營區和太空發展法之國家發射場域設置，以及人工島嶼興建或擴建；海域築堤排水塡土造地等開發行爲，亦應實施環境影響評估。

在確認開發行爲符合認定標準之應實施環評開發行爲後，開發單位即可著手製作說明書。

四、擬具規劃內容上網蒐集意見

開發單位於開始進行環境影響評估時，應於中央主管機關指定網站刊登下列事項，供民眾、團體及機關於刊登日起 20 日內，以書面或於指定網站表達意見：

1. 開發行爲之名稱。
2. 開發單位之名稱。
3. 開發行爲之內容、基地及地理位置圖。
4. 預定調查或蒐集之項目、地點、時間及頻率。

開發單位應記載並參酌民眾、團體及機關表達之意見，據以檢討規劃其評估內容。

五、預審會議

（一）依據作業準則第 5 條規定，開發單位得於製作說明書時，檢具下列資料，向目的事業主管機關提出，並由目的事業主管機關轉送主管機關預審。相關資料如下：

1. 開發行為之名稱及開發場所。
2. 開發行為之目的及其內容。
3. 開發行為可能影響範圍之各種相關計畫及環境現況。
4. 預測開發行為可能引起之環境影響。
5. 環境保護對策、替代方案

（二）開發行為之目的及其內容

開發行為之目的：須從計畫項目、規模、產能等開發目標，具體說明其對經濟、社會之發展等貢獻，並說明其重要性、需要性及合理性。

此外，開發行為之內容如下：

1. 說明開發行為之主要規劃內容，包括平面配置、分期開發、整地數量、主要設施及環保設施等。
2. 開發行為之內容：詳實說明滿足開發目的必備之基礎環境條件、資源需求及其理由，並為選取替代方案之依據，其內容包括：
   (1) 地理區位需求（臺灣各區及離島之山坡地、平原區、海岸地區、海埔地等）。
   (2) 工程項目、量體、配置。
   (3) 開發行為基地（含建地）面積需求。
   (4) 周邊環境條件需求（對開發行為有利與不利之土地利用型態）。
   (5) 公共設施、公共設備之需求。

雖然有預審之設計，到目前為止，環境部網站沒有搜尋到預審案件之紀錄。

六、上網公開蒐集意見（作業準則第9條）

如果開發行為沒有對環境有重大影響之虞者，以及開發單位並沒有意願直接進行二階環評者，開發單位於作成說明書之前，就必須辦理上網公開蒐集意見之作業。應該辦理之事項如下：

（一）於指定網站刊登說明書主要內容，供民眾、團體及機關於刊登日起20日內以書面或於網站表達意見。主要內容與預審會議資料相同。

（二）舉行公開會議，供表達意見。於會議10日前將會議時間、地點及說明書主要內容，刊登於指定網站；並以書面將相關會議訊息告知開發行為之目的事業主管機關及開發行為基地所在地之利害關係人。

（三）開發單位應於公開會議後45日內作成會議紀錄，公布於指定網站至少30日。

開發單位應針對各方意見及會議紀錄之處理回應與辦理情形編製於說明書後，向目的事業主管機關提出。

七、說明書應記載事項

環評法第6條規範說明書應記載事項如下：

1. 開發單位之名稱及其營業所或事務所。
2. 負責人之姓名、住、居所及身分證統一編號。
3. 環境影響說明書綜合評估者及影響項目撰寫者之簽名。
4. 開發行為之名稱及開發場所。
5. 開發行為之目的及其內容。
6. 開發行為可能影響範圍之各種相關計畫及環境現況。
7. 預測開發行為可能引起之環境影響。
8. 環境保護對策、替代方案。
9. 執行環境保護工作所需經費。

10. 預防及減輕開發行爲對環境不良影響對策摘要表。

開發行爲可能影響範圍之各種相關計畫，分開發行爲基地內與開發行爲半徑 10 公里範圍內或線型式開發行爲沿線兩側各 500 公尺範圍內兩處範圍，再製表依序說明計畫名稱、主管單位、完成時間和相互關係或影響等 4 項。如表 3-4 所示。

表 3-4 開發行為可能影響範圍之各種相關計畫

範圍	計畫名稱	主管單位	完成時間	相互關係或影響
開發行爲基地內	—	—	—	—
開發行爲半徑 10 公里範圍內或線型式開發行爲沿線兩側各 500 公尺範圍內	—	—	—	—

註：摘自作業準則附表六。

八、釐清非屬主管機關所主管法規之爭點

目的事業主管機關收到開發單位所送之說明書後，應釐清非屬主管機關所主管法規之爭點，並針對開發行爲之政策提出說明及建議，併同相關書件轉送主管機關審查。（環評法第 7 條，施行細則第 11-1 條）

由於目的事業主管機關無權准否說明書，造成主管機關可以准否目的事業主管機關開發建設之窘境。建議目的事業主管機關在開發單位規劃階段就必須輔導檢視開發單位之開發行爲區位、評估、預測和減輕等對策是否符合環評之相關法令規定；或是環評法第 7 條和施行細則第 11-1 條之「轉送」修正爲環評法初稿之「核轉」。否則，環境部否決其他部會開發案件，成爲「獨大部」；或是呼應其他部會開發案件，成爲「背書部」之怪異現象將會持續進行。

九、審查會議

（一）主管機關於收到目的事業主管機關轉送之說明書後 50 日內，召開審查會議作成審查結論。審查結論內容應含括綜合評述，其分類如下：

1. 通過環評審查。
2. 有條件通過環評審查。
3. 應繼續進行第二階段環評。
4. 認定不應開發。
5. 其他經中央主管機關認定者。

（二）主管機關應將說明書初稿內容、委員會開會資訊、會議紀錄及審查結論公布於中央主管機關指定網站，並通知目的事業主管機關及開發單位。（環評法第 7 條，施行細則第 13、43 條）

十、舉行公開說明會

主管機關審查結論爲不須進行第二階段環評並經許可者，開發單位應舉行公開之說明會。（環評法第 7 條）

將施行細則之環評流程圖（附圖）整理後，說明書審查流程如圖 3-1 所示。

3-7　第二階段環境影響評估

一、進入第二階段環評類型

進入第二階段環評有下列三種類型：

1. 主管機關審查結論認爲對環境有重大影響之虞，應繼續進行第二階段環評者。（環評法第 8 條）
2. 開發單位於委員會作成第一階段環評審查結論前，得以書面提出自願進行第二階段環評。（施行細則第 19 條）

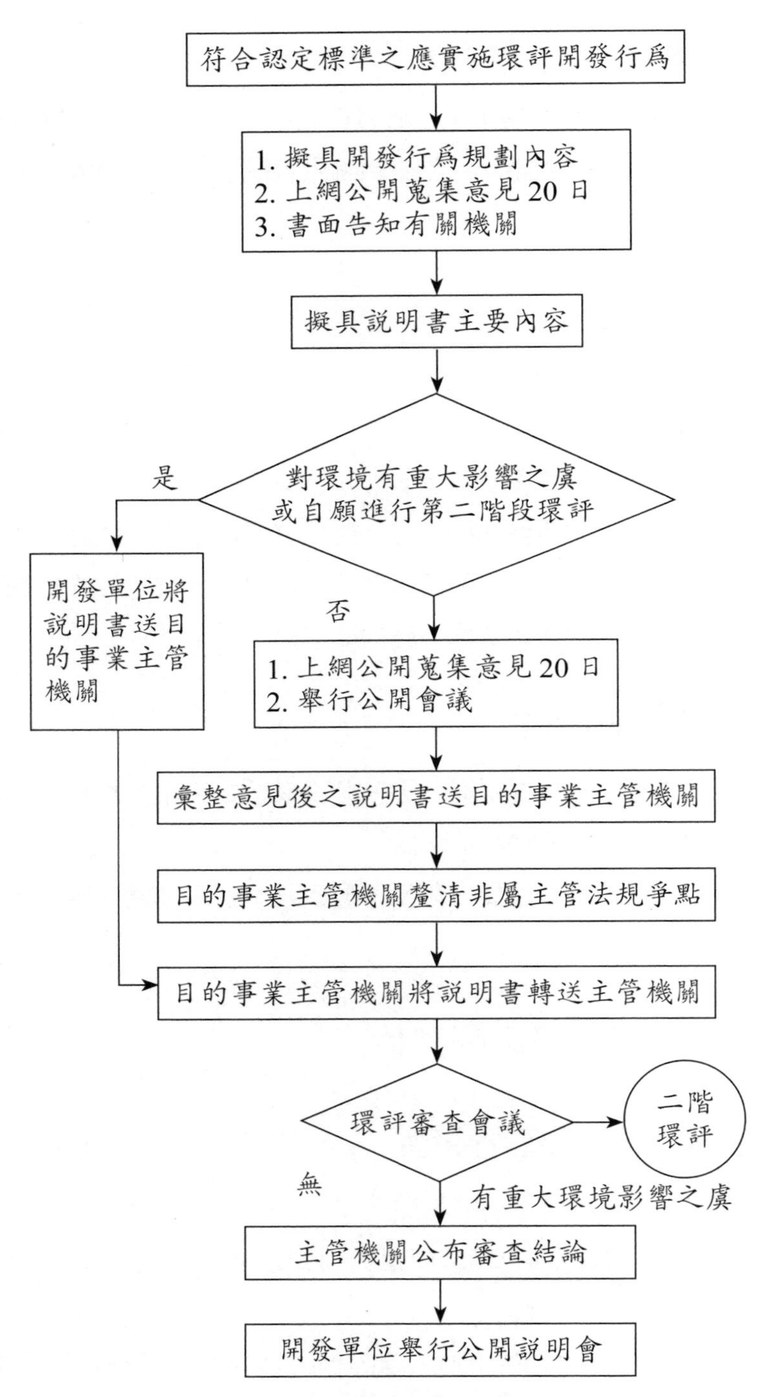

圖 3-1　說明會審查流程圖

3. 開發單位作成說明書前，得以自願提出進行第二階段環評。（作業準則第 15 條）

二、重大影響之虞

依據施行細則第 19 條，所謂對環境有重大影響之虞者，係指開發行爲有下列情形之一者：

（一）應實施環評且屬於表 3-4 所列開發行爲，經委員會審查認定。

（二）不屬於表 3-4 所列開發行爲或未達該表所列規模，但經委員會審查說明書認定下列對環境有重大影響之虞者：

1. 與周圍之相關計畫，有顯著不利之衝突且不相容。
2. 對環境資源或環境特性，有顯著不利之影響。
3. 對保育類或珍貴稀有動植物之棲息生存，有顯著不利之影響。
4. 有使當地環境顯著逾越環境品質標準或超過當地環境涵容能力。
5. 對當地眾多居民之遷移、權益或少數民族之傳統生活方式，有顯著不利之影響。
6. 對國民健康或安全，有顯著不利之影響。
7. 對其他國家之環境，有顯著不利之影響。
8. 其他經主管機關認定。（施行細則第 19 條）

表 3-5　應進行第二階段環境影響評估之開發行為

一、園區之開發。
(一) 石化工業區面積達 50 公頃以上。
(二) 其他園區面積達 100 公頃以上。
二、道路之開發。
(一) 高速公路或快速道（公）路之新建。
(二) 高速公路或快速道（公）路之延伸工程，長度達 30 公里以上。

三、鐵路之開發。
(一) 高速鐵路新建或延伸工程。
(二) 高速鐵路以外之鐵路開發或延伸工程長度達 30 公里以上。
四、大眾捷運系統之開發（不含輕軌）。
(一) 大眾捷運系統路網新建工程。
(二) 大眾捷運系統路線延伸工程，長度達 30 公里以上。
五、商港、漁港、工業專用港新建工程。
六、機場跑道新建工程。
七、新增探礦、採礦工程，面積達 50 公頃以上。
八、水利工程之開發。
(一) 水庫工程之新建。
(二) 越域引水工程。
九、一般廢棄物、一般事業廢棄物或有害事業廢棄物掩埋場或焚化廠之新建（不含園區內之開發）。
十、核能電廠新建或添加機組工程。
十一、放射性廢棄物處置設施之新建。
十二、新建火力電廠、汽電共生廠或自用發電設備，屬以燃油、燃煤或其他非燃氣燃料發電，裝置容量 100 萬瓩以上者。
十三、161 千伏以上輸電線路架空或地下化線路鋪設長度 50 公里以上者（不含位於海域及園區內之開發）。
十四、涉及 345 千伏之變電所新建工程（不含海上變電站及園區內之開發）。
十五、水力發電廠裝置或累積裝置容量 5 萬瓩以上。
十六、海域築堤排水填土造成陸地面積達 50 公頃以上者，或減少自然海岸線長度 1 公里以上。
十七、新市鎮開發。

註：摘自作業準則附表二。

三、公開陳列與舉行公開說明會

第一階段環評審查結論認爲對環境有重大影響之虞，應繼續進行第二階段環境影響評估者，開發單位應辦理下列事項：

（一）公開陳列

1. 將說明書分送有關機關。
2. 將說明書於開發場所附近適當地點陳列或揭示至少 30 日。
3. 於新聞紙刊載開發單位之名稱、開發場所、審查結論及說明書陳列或揭示地點。

（二）公開說明會：開發單位應於陳列或揭示期滿後，舉行公開說明會。（環評法第 8 條）

（三）有關機關或當地居民對於開發單位之說明有意見者，應於公開說明會後 15 日內以書面向開發單位提出，並副知主管機關及目的事業主管機關。（環評法第 9 條）

四、範疇界定

（一）主管機關應將開發單位提出之範疇界定資料公布於指定網站至少 14 日，供民眾、團體及機關以書面表達意見，並轉交開發單位處理。

（二）於舉辦範疇界定會議 7 日前，應公布於指定網站，邀集委員會委員、目的事業主管機關、相關機關、團體、學者、專家及居民代表界定評估範疇。

範疇界定之事項如下：

1. 確認可行之替代方案。
2. 確認應進行環評之項目；決定調查、預測、分析及評定之方法。
3. 其他有關執行環評作業之事項。

（三）主管機關完成界定評估範疇後 30 日內，應將範疇界定會議所確認

應進行環評之項目，公布於指定網站。（環評法第 10 條，施行細則第 22-1 條）

（四）開發單位應參酌主管機關、目的事業主管機關、有關機關、學者、專家、團體及當地居民所提意見，編製環境影響評估報告書（以下簡稱評估書）初稿，向目的事業主管機關提出。

作業準則之範疇界定指引表（附件六）如表 3-5 所示。

五、評估書初稿應記載事項

1. 開發單位之名稱及其營業所或事務所。
2. 負責人之姓名、住、居所及身分證統一編號。
3. 評估書綜合評估者及影響項目撰寫者之簽名。
4. 開發行爲之名稱及開發場所。
5. 開發行爲之目的及其內容。
6. 環境現況、開發行爲可能影響之主要及次要範圍及各種相關計畫。
7. 環境影響預測、分析及評定。
8. 減輕或避免不利環境影響之對策。
9. 替代方案。
10. 綜合環境管理計畫。
11. 對有關機關意見之處理情形。
12. 對當地居民意見之處理情形。
13. 結論及建議。
14. 執行環境保護工作所需經費。
15. 預防及減輕開發行爲對環境不良影響對策摘要表。
16. 參考文獻。（環評法第 11 條）

六、進行現場勘察並舉行公聽會

目的事業主管機關收到評估書初稿後 30 日內，應會同主管機關、委

表 3-6　範疇界定指引表

環境類別	環境項目	環境因子	參考資料	評估項目	評估範圍	調查			備註
						地點	頻率	起訖時間	
物理及化學	1. 地形、地質及土壤、底質	□地形	地形圖、水深圖、高程、坡向、坡度、實地補充調查紀錄、特殊地形						
		□地質	現地地質探查報告及紀錄、地質報告及地質圖、地質災害圖、不透水層位置與深度、地質敏感區相關資料、地層下陷現況與潛勢、特殊地質						
		□沖蝕及沉積	地形圖、集水區圖、土壤組成、風化及暴露程度、地形坡度、地面植生、水土保持、沖蝕沉積、河川地形圖、水道縱橫斷面、水道河岸沖蝕、水庫淤積、進水口沖刷或淤積、海岸地形圖、海底地形等深線圖、海岸地區沉積物分布圖、衛星影像等資料、距重要水道距離						
		□邊坡穩定	地質探查紀錄、土壤性質、地層條件、地層結構、坡度、排水、風化狀況、崩塌紀錄、開挖型式、挖填土方量載重等資料						
		□取棄土及取砂石	取棄土場地形圖、整地施工計畫、挖填方處理、取土計畫、棄土計畫以及抽砂或採砂石計畫						

環境類別	環境項目	環境因子	參考資料	評估項目	評估範圍	調查			備註
						地點	頻率	起訖時間	
		□基地沉陷	a. 基礎調查紀錄、基礎深度、土壤組成、承載重量、基礎沉陷、地下水抽用情形 b. 施工中及完工後地下水位變化、地面下陷趨勢、範圍 c. 土壤液化資料與潛能分析 d. 計畫區位堆置棄土、礦碴以及鄰近地區之採礦紀錄						
		□地震及斷層	研究單位提供之研究報告、地形圖、地質圖、地質構造圖、地震分級、地震紀錄等資料						
		□礦產資源	礦產種類、數量、位置、型式、價值、開採現況、附近地區相同礦產分布						
		□土壤及土壤污染	a. 土壤鑽探紀錄、土壤組成、質地分析、漲縮特性、含水率、透水性、固化、液化特性及土壤化學性等資料 b. 廢氣、廢（污）水排放或廢棄物處理對土壤污染之影響						
		□底質	a. 底質分布、厚度、孔隙率、粒徑、化學性 b. 廢（污）水排放、廢棄物處理、空氣沉降等對底質之影響						

環境類別	環境項目	環境因子	參考資料	評估項目	評估範圍	調查			備註
						地點	頻率	起訖時間	
	2. 水文及水質	□海象	現地觀測紀錄、附近海象觀測站紀錄與研究分析報告，包括潮汐潮位、流況分析、波浪、沿岸流、漂砂、水深、飛砂						
		□地面水	a. 現場觀測紀錄或最近之水文觀測站紀錄、水體型式、位置、大小、水文特性、水體使用、調節設施、排放設施、標的用水取引水地點之水文數據、必要之水理演算、輸沙量演算、潰堤後淹沒區範圍演算或水工模型試驗 b. 越域引水地點與排放口之地形圖、水文觀測紀錄、引水量分析						
		□地下水	開發行爲基地附近深井調查或地下水探查、抽水試驗與研究報告、地下水位、含水層厚度及深度、水層特性參數、滲透係數、出水量、季節變化、地下水流向、補注區補注狀況及水權量						
		□水文平衡	水利機構研究報告、地面水及地下水之流入蓄積及流出抽用、水文循環及水資源管理、水資源設施操作方式						

環境類別	環境項目	環境因子	參考資料	評估項目	評估範圍	調查			備註
						地點	頻率	起訖時間	
		□水質	a. 現場調查紀錄或附近測站觀測紀錄、水體資料、水質取樣分析紀錄、水體使用狀況、標的水質要求標準、污染源、處理排放方式、水文資料、輸砂量及施工資料 b. 各種水質參數之變化（溫度、pH 值、DO、BOD、COD、SS、總凱氏氮、氨氮、硝酸鹽氮、亞磷酸鹽氮、總磷、正磷酸鹽、矽酸鹽、葉綠素、硫化氫、酚類、氰化物、陰離子界面活性劑、導電度、重金屬、農藥、大腸菌類、礦物性油脂） c. 農藥及肥料進入水體之可能傳輸途徑、殘留量						
		□排水	a. 現地調查資料、集水區及排水地形圖、現有排水系統、地面淹水紀錄及範圍圖、坡向、坡度、地面植生、計畫排水型式及設施之配置圖、灌溉排水輸水設施圖、土壤透水性與侵蝕性、放流水口地點 b. 溫水排放方式、排放地點調查、擴散效應等資料						
		□洪水	現地觀測紀錄或附近水文站洪水觀測紀錄與研究調查報告、洪水位、洪水量、洪水流速、洪水演算、各河段洪水分配圖、排洪設施、洪水控制、計畫地區防洪計畫、淹水潛勢						

環境類別	環境項目	環境因子	參考資料	評估項目	評估範圍	調查			備註
						地點	頻率	起訖時間	
		□水權	引水地點之水權量統計、過去引水或分水糾紛紀錄以及對下游河道取水之影響						
	3.氣象及空氣品質	□氣候	氣象水文測站、開發範圍內或附近測站位置及型式、溫度、濕度、降雨量、降雨日數、暴雨、霧日、日照、蒸發量、氣候紀錄時間、氣候月平均值、極端值資料						
		□風	主要風向、平均風速、颱風紀錄、風花圖、建築物與其他結構物之相對位置、風洞試驗成果分析						
		□日照陰影	地理位置、建築物尺度、周圍結構物之分布及尺度、採光受阻之建築物數量及受阻程度						
		□熱平衡	地理位置、地表熱能散發遞減率						
		□空氣品質	a.現地觀測或附近空氣品質測站位置、設備型式、記錄時間、現地空氣品質狀況：鹽分、一氧化碳、碳氫化合物、粒狀污染物、光化學霧、硫氧化物、氮氧化物、硫化氫、臭氧、重金屬及有害污染物等 b.Dioxin之檢測						

環境類別	環境項目	環境因子	參考資料	評估項目	評估範圍	調查			備註
						地點	頻率	起訖時間	
			c.施工及營運期間各種污染源之位置與污染物排放量 d.經排放後環境中 SO_2、NOX、粒狀污染物、CO、HC之濃度與環境空氣品質標準之比較、最不利擴散之氣候條件時模擬污染物濃度 e.可能發生緊急狀況之短期高濃度 f.地形對空氣滯留之影響 g.各種工廠、火力電廠、焚化爐……等燃燒、製程設施可能影響空氣品質之設計及操作資料						
	4. 噪音	□噪音	a.現場測定及附近噪音監測站之紀錄、音源、型式、噪音量、傳播途徑、距離、緩衝設施、測定地點、量測方式、施工機具種類及數量、航空器種類及數量、飛航班次時間、陸路交通流量、地形地勢、土地利用型態、開發行爲基地周遭及施工營運之運輸路線敏感受體 b.施工中之交通噪音、施工機械噪音、環境背景噪音 c.完成後之交通噪音、機械運轉噪音、環境背景噪音						

環境類別	環境項目	環境因子	參考資料	評估項目	評估範圍	調查			備註
						地點	頻率	起訖時間	
	5. 振動	□振動	a.現場測定及調查研究資料包括振動源、特性、振動量、量測方式、地點、土壤種類、距離、土地使用型式、施工方式、開發行為基地周遭及施工營運之運輸路線敏感受體 b.施工中及完工後至少應分施工機械振動及交通工具振動						
	6. 異味	□異味	a.可能產生異味之來源、物質種類、發生頻率、時間、擴散條件及其濃度推估 b.居民對異味影響之反應						
	7.廢棄物	□廢棄物	a.地區之人口數、行政區分、區域土地使用方式、廢棄物產量、貯存清除處理方式 b.施工期間廢棄物之種類、產量、分類、貯存、運輸路線、清除處理方法 c.營運期間廢棄物來源、種類、性質、產量、分類、貯存、運輸路線、清除、處理及處置方法 d.廢棄物回收再利用處理方式 e.廢棄物貯存、清除、處理產生之滲流水及惡臭處理方法 f.建築物或其他構造物中石綿等毒化物之調查處理						

環境類別	環境項目	環境因子	參考資料	評估項目	評估範圍	調查			備註
						地點	頻率	起訖時間	
			g.自設掩埋場應預測廢棄物質量之變化、可能之地下水污染、覆土來源之影響、滲出水處理、惡臭及最終土地利用 h.自設焚化爐處理應提出飛灰、爐渣量以及清除、處理方式；灰爐重金屬溶出試驗						
	8.電波干擾	□電波干擾	a.建築物設置產生之障礙 b.電車、大眾捷運電訊系統對鄰近無線電系統及其他通信系統造成之電磁干擾 c.電力機械造成之突發性電磁輻射干擾 d.高架結構物對無線電波或電視信號之遮蔽或反射						
	9.能源	□能源	a.當地能源供應方式、居住户數、平均每户能源消耗量 b.能源來源						
	10.核輻射	□核輻射來源、劑量	a.直接輻射、放射性液體外釋劑量、放射性氣體外釋劑量、一般人之年有效劑量及集體有效劑量 b.緩衝帶劃設資料 c.放射性物質之生物累積						

環境類別	環境項目	環境因子	參考資料	評估項目	評估範圍	調查			備註
						地點	頻率	起訖時間	
	11. 核廢料	□核廢料來源、種類、性質、儲存處理方式	a.待儲存或處理廢料之來源、種類、輻射性質 b.儲存或處理之廢料、年總重量、年總體積、平均密度、發熱量及其組成 c.廢料之篩選、分類、包裝、裝載作業、處置前檢查程序 d.儲存處理設施之設計、規格、使用年限資料及其二次污染防治設施資料 e.核廢料運送方式、工具及路線						
	12. 危害性化學物質	□健康風險評估	a.開發行爲影響範圍界定 b.影響範圍內居民健康之增量風險評估 c.危害確認、劑量效應評估、暴露量評估、風險特徵描述						
		□生物累積	具有生物累積性之危害性化學物質						
	13. 溫室氣體	□減緩	a.開發行爲施工及營運階段溫室氣體排放量推估 b.溫室氣體減緩措施：評估節約能源、提高能源效率、再生能源、碳匯、購買經濟部核發之再生能源憑證等溫室氣體減量措施之可行性						

環境類別	環境項目	環境因子	參考資料	評估項目	評估範圍	調查			備註
						地點	頻率	起訖時間	
		□調適	氣候變遷調適措施：氣候變遷災害風險評估、水資源管理及綠建築等可行性						
生態	1.陸域動物	□種類及數量	族群種類、相對數量、分布、現場調查位置、時間、方法、範圍、瀕臨滅絕及受保護族群						
		□種歧異度	種類、數量、豐富度、均度、採樣面積						
		□棲息地及習性	動物生活習性、食物、生命週期、繁殖、棲息地資料						
		□通道及屏障	調查區內植物分布資料、地形圖、動物活動觀察、移動通道及屏障						
	2.陸域植物	□種類及數量	植物種類、數量、植生面積、空照圖與現場勘查核對、瀕臨滅絕及受保護族群、植生分布、優勢群落						
		□種歧異度	種類、數量、豐富度、均度、採樣面積						
	3.水域動物	□種類及數量	族群種類、數量、游移狀況、調查方法、位置、時間及範圍、瀕臨滅絕及受保護族群						

環境類別	環境項目	環境因子	參考資料	評估項目	評估範圍	調查			備註
						地點	頻率	起訖時間	
		□種歧異度	種類、數量、豐富度、均度、採樣體積						
		□棲息地	游移特性、生命週期、繁衍方式及條件						
	4.水域植物	□種類及數量	種類、數量、植生情形、瀕臨滅絕及受保護族群、植生分布、優勢群落						
		□種歧異度	種類、豐富度及均度、採樣體積						
		□優養作用	營養鹽之來源、排入量及防治方法						
	5.生態系統	□特殊生態系	特殊價值生態區域、種類、規模、價值、保育方式						
		□生態補償	衝擊減輕措施、生態補償措施、生態補償比率、生態補償措施監測方式規劃						
景觀及遊憩	1.景觀美質	□原始景觀	景觀原始性、可出入性及可觀賞利用方式、開闊性品質、現地勘查紀錄、位置、和諧性、組成						
		□生態景觀	視覺主體組成、生態性美質、品質及使用狀況、環境保育方式、觀景點位置、特殊性、範圍、型式、數量						

環境類別	環境項目	環境因子	參考資料	評估項目	評估範圍	調查			備註
						地點	頻率	起訖時間	
		□文化美質	具文化性價值、美質、目的及使用狀況型式、位置、特有性、範圍、型式、類別						
		□人爲景觀	計畫實施前後視覺景觀變化之模擬、景觀規劃設計資料、計畫內容、視覺範圍、品質、現地勘查紀錄、人爲構物景緻、位置、視野分析、特性、型式、數量						
	2. 遊憩	□遊憩資源、設施及類別	a. 靜態、動態遊憩資源、位置、型式、規模、數量、目的、使用狀況、可開發性、規劃報告、保護管制計畫 b. 型態、遊憩序列之界定						
		□遊憩活動、體驗與經濟效益	a. 遊憩方式、目的、時間、主題、發展 b. 遊客訪問調查、心理向度分析、遊憩方式調查 c. 遊憩區內與周遭地區之效益分析						
		□遊憩承載量	遊憩需求及資源潛力限制、社會心理承載量、環境承載量						
社會經濟	1. 土地使用	□使用方式	都市計畫、都市更新計畫、區域計畫、非都市土地使用計畫、建築物及土地使用現況、土地使用分區圖						

環境類別	環境項目	環境因子	參考資料	評估項目	評估範圍	調查			備註
						地點	頻率	起訖時間	
		□鄰近土地使用型態	位置圖以及相關資料						
		□發展特性	地區發展歷史、發展型式及重點、聚落型態、成長誘因及發展限制條件						
		□原住民族	開發行爲對於原住民族土地、自然資源、生活方式等影響						
	2.社會環境	□公共設施	下水道、垃圾處理、公共給水、電力、瓦斯、停車場、教育文化、郵電、市場						
		□公共衛生及安全危害	a.現有公共衛生、公共安全制度及執行狀況、環境衛生及飲用水水準、公共危害事件資料、醫療保健 b.可能發生安全危害之範圍及位置圖、現場勘查紀錄及相關資料、防護設施説明及規範						
		□化學災害	a.可能發生災害種類與災害發生或然率 b.災害發生或然率。災害影響範圍及程度。預防及緊急應變措施計畫						
	3. 交通	□管線設施	施工期間對自來水管線、下水道、瓦斯管線及油管、高低壓電纜、電話線及交通號誌電纜之服務，可能造成之損害						

環境類別	環境項目	環境因子	參考資料	評估項目	評估範圍	調查			備註
						地點	頻率	起訖時間	
		□交通運輸	a. 交通設施、運輸網路及其服務水準 b. 運輸途徑、運輸工具、頻率、計畫區附近聯外道路現況及其服務水準 c. 施工期間及完工後之運輸路徑及其交通量變化 d. 交通設施、主次要道路、遊憩步道、車站、運輸工具等 e. 步道與停車需求 f. 交通維持計畫						
		□施工交通干擾	a. 道路、人行道、建築物通道封閉或改道 b. 車道封閉 c. 道路人行道之破壞						
	4. 經濟環境	□漁業資源	漁場作業、人工魚礁與海洋牧場等之面積、漁獲量、產值、漁場拆遷及漁業權撤銷之補償						
		□土地所有權	土地所有權、土地大小、分布、使用情形						
	5. 社會關係	□社會心理	居民居住分布，教育職業組成、與計畫之關係、有關遷村、補償及輔導就業資料、問卷調查						

環境類別	環境項目	環境因子	參考資料	評估項目	評估範圍	調查			備註
						地點	頻率	起訖時間	
		□開放空間及私密性	a.開放空間之改變、消失或創新 b.施工及運轉時期造成之心理性阻隔及活動性阻隔 c.路線兩側及場站設施附近居室受視線侵犯範圍						
文化	文化資產	□有形文化資產	開發區內或鄰近區域有形文化資產之數量、特性、保存方式、價值、空間分布概況、保護方式、施工中及完工後對文化資產之影響變更程度與周圍環境之改變						
		□無形文化資產	開發區內或鄰近區域無形文化資產之類別、現況、地點分布、特性、價值、保存方式、施工中及完工後對文化資產之影響變更程度與周圍環境之改變						
		□水下文化資產	開發區內或鄰近水域水下文化資產之數量、特性、分布調查、保存方式、開發行爲對水下文化資產及周遭環境造成之影響						
其他									

員會委員、其他有關機關，並邀集專家、學者、團體及當地居民，進行現場勘察並舉行公聽會，於 30 日內作成紀錄，送交主管機關。（環評法第 12 條）

七、釐清非屬主管機關所主管法規之爭點

目的事業主管機關收到開發單位所送之評估書後，應釐清非屬主管機關所主管法規之爭點，並針對開發行爲之政策提出說明及建議，併同第二階段環境影響評估之勘察現場紀錄、公聽會紀錄、評估書初稿轉送主管機關審查。（施行細則第 11-1 條）

八、審查會議

（一）主管機關收到目的事業主管機關轉送之勘察現場紀錄、公聽會紀錄及評估書初稿後，應於 60 日內作成審查結論，並將審查結論送達目的事業主管機關及開發單位；

（二）開發單位應依審查結論修正評估書初稿，作成評估書，送主管機關依審查結論認可。

（三）評估書經主管機關認可後，應將評估書及審查結論摘要公告，並刊登公報。（環評法第 13 條）

將施行細則之環評流程圖（附圖）整理後，評估書審查流程如圖 3-2 所示：

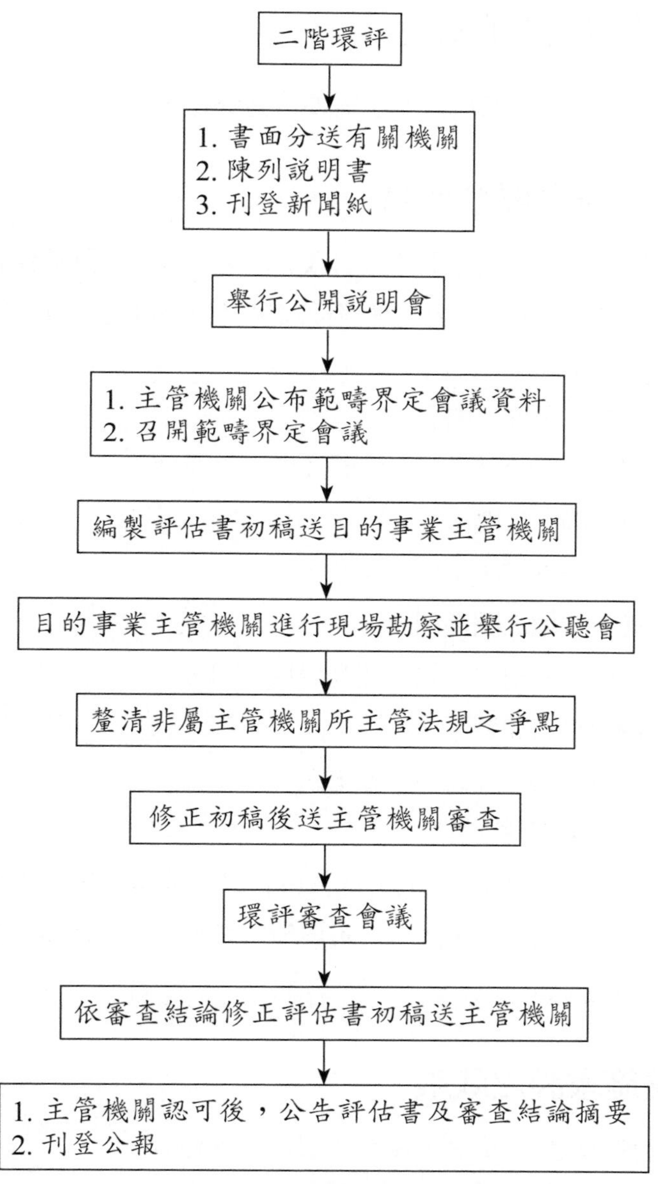

圖 3-2　評估書審查流程圖

3-8 政策環境影響評估

有影響環境之虞之政府政策也需要實施環評。

一、政府政策與開發行為

與下列開發行爲直接相關，且自政府政策環境影響評估作業辦法施行（民國 89 年 12 月 20 日）後，應經行政院或中央目的事業主管機關核定之事項稱政府政策：

1. 工廠之設立及工業區之開發。
2. 道路、鐵路、大眾捷運系統、港灣及機場之開發。
3. 土石採取及探礦、採礦。
4. 蓄水、供水、防洪排水工程之開發。
5. 農、林、漁、牧地之開發利用。
6. 遊樂、風景區、高爾夫球場及運動場地之開發。
7. 文教、醫療建設之開發。
8. 新市區建設及高樓建築或舊市區更新。
9. 環境保護工程之興建。
10. 核能及其他能源之開發及放射性核廢料儲存或處理場所之興建。（環評法第 26 條、第 5 條，政府政策環境影響評估作業辦法，以下簡稱作業辦法，第 2 條）

二、應實施環評之政策

政策有影響環境之虞者，應實施環境影響評估：

1. 工業政策。
2. 礦業開發政策。
3. 水利開發政策。
4. 土地使用政策。

5. 能源政策。
6. 畜牧政策。
7. 交通政策。
8. 廢棄物處理政策。
9. 放射性核廢料之處理政策。
10. 其他政策。

三、影響環境之虞

政策實施可能造成影響環境之虞者有下列情形之一：

1. 使環境負荷超過當地涵容能力。
2. 破壞自然生態系統。
3. 危害國民健康或安全。
4. 危害自然資源之合理利用。
5. 改變水資源體系，影響水質及妨害水體用途。
6. 破壞自然景觀之和諧性。
7. 其他違反國際環境規範之要求，或有礙環境生態之永續發展。（作業辦法第 3、5 條）

四、政府政策評估說明書

除了考量有環境之虞外，尚須評估其相互關係及各款情形之加總結果，作成評估說明書。

（一）政府政策評估說明書應記載下列事項

1. 政策研提機關及其他相關機關之名稱。
2. 政策之名稱及其目的。
3. 政策之背景及內容。
4. 替代方案分析。

5. 政策可能造成環境影響之評定。
6. 減輕或避免環境影響之因應對策。
7. 結論及建議。（作業辦法第 6 條，政府政策評估說明書作業規範，以下簡稱作業規範，第 2 條）

政策之背景及內容、替代方案分析與政策可能造成環境影響之評定等三項分別敘明如下：

（二）政策之背景及內容

政策之背景及內容，得視政策性質含括：

1. 原有政策執行之評估及環境負荷分析。
2. 與國家環境保護政策之相關性分析。
3. 資源之需求及供給管理。
4. 政策設定之環境保護目標。
5. 其他事項。

（三）替代方案分析

替代方案分析係指為達成政策目標所規劃各種方案之比較分析。其中，比較分析應考量環境、經濟及社會等因素，選定較可行或較優之方案，並針對各項方案，說明選定結果。

（四）政策可能造成環境影響之評定

政策可能造成環境影響之評定，其評估之項目包括：

1. 環境之涵容能力。
2. 自然生態及景觀。
3. 國民健康及安全。
4. 土地資源之利用。
5. 水資源體系及其用途。
6. 文化資產。
7. 國際環境規範。

8. 社會經濟。

其他。（作業規範第 3、4、5 條）

五、矩陣表

政策評估作業應附矩陣表（如表 3-7），由矩陣逐項評估對各環境受體之影響，其評估之範圍分地域性、全國性及全球性：

1. 地域性：指僅涉及我國局部範圍者。
2. 全國性：指影響涉及全國普遍之環境負荷。
3. 全球性：指涉及國際性環境保護公約、影響擴及我國以外或越境處理、跨國輸送及相關輸出、輸入者。

表 3-7　矩陣表

<table>
<tr><th colspan="2" rowspan="2">政策評估項目、內容</th><th>地域性</th><th>全國性</th><th>全球性</th><th>因應對策說明</th><th>評定</th><th>備註</th></tr>
<tr><th colspan="3">評定</th><th></th><th></th><th></th></tr>
<tr><td rowspan="2">一、環境之涵容能力</td><td>(一) 空氣
懸浮微粒（TSP, PM_{10}）
二氧化硫（SO_2）
二氧化氮（NO_2）
臭氧（O_3）
鉛（Pb）
一氧化碳（CO）</td><td></td><td></td><td></td><td></td><td></td><td></td></tr>
<tr><td>(二) 水體
〔pH 值、溶氧量、導電度、大腸桿菌群、生化需氧量、懸浮固體、氰化物、酚類、陰離子界面活性劑、氨氮、硝酸鹽氮、總磷、總氮（T-N）重金屬及農藥〕</td><td></td><td></td><td></td><td></td><td></td><td></td></tr>
</table>

政策評估項目、內容		地域性	全國性	全球性	因應對策說明	評定	備註
		評定					
	＊以下各水體應就上述水質項目選項填入 河川（　　） 水庫（　　） 湖泊（　　） 海洋（　　） 地下水（　　）						
	(三) 土壤 重金屬（　　） 有毒化學物質（　　） 農藥（　　） 化學肥料（　　）						
	(四) 廢棄物處理 一般廢棄物 事業廢棄物 (一般有害)						
	(五) 噪音						
	(六) 非游離輻射						
二、自然生態及景觀	(一) 陸域生態 動物 植物						
	(二) 水域生態 動物 植物 底棲生物						
	(三) 自然生態景觀及棲地（包括自來水水質水量保護區、飲用水水源水質保護區、特定水土保持區、水庫集水區、地下水管制區、國家公園、自然保留						

政策評估項目、內容		地域性	全國性	全球性	因應對策說明	評定	備註
		評定					
	區、野生動物保護區、野生動物重要棲息環境、自然保護區、海岸保護區及其他特殊之生態敏感區等）						
三、國民健康及安全	(一) 有毒或有害物質之傳輸 毒化物 有害事業廢棄物 有害健康物質（水體） 燃燒易生特殊有害健康物質（空氣）						
	(二) 游離輻射外洩風險						
	(三) 化學物質洩漏風險						
四、土地資源之利用	(一) 土地資源特性之面積數量 農業生產地區 森林保育地區 水資源保護地區						
	(二) 礦產及土石資源						
	(三) 土地利用（方式與活動）						
	(四) 地理景觀						
五、水資源體系及用途	(一) 用水標的及分配						
	(二) 用水排擠效應						
	(三) 水資源 抽用地面水 抽用地下水 海水淡化						

政策評估項目、內容		地域性	全國性	全球性	因應對策說明	評定	備註
		評定					
六、文化資產	文化資產						
七、國際環境規範	(一) 蒙特婁議定書〔包括氟氯碳化物（CFCs）、氟氯烴（HCFCs）、海龍（Halons）、溴化甲烷、四氯化碳（CCl_4）等〕						
	(二) 氣候變化綱要公約〔二氧化碳（CO_2）、甲烷（CH_4）、氧化亞氮（N_2O）、氫氟碳化物（HFCs）、全氟碳化物（PFCs）、六氟化硫（SF_6）等〕						
	(三) 巴塞爾公約						
	(四) 華盛頓公約 物種保育 物種及產製品輸出輸入						
	(五) 生物多樣性公約						
	(六) 世界濕地公約						
	(七) 斯德哥爾摩公約						
	(八) 鹿特丹公約						
八、社會經濟	(一) 人口及產業						
	(二) 交通運輸						
	(三) 能源使用						
	(四) 經濟效益						

政策評估項目、內容		地域性	全國性	全球性	因應對策說明	評定	備註
		評定					
	(五) 公共設施與社區發展						
	(六) 民眾意見與社會接受度						
九、其他							

註：1. 取自政府政策評估說明書作業規範附件：矩陣表。
2. 評定方式：
(1) 對環境有正面影響者，其符號爲＋。
(2) 有顯著正面影響者，其符號爲＋＋。
(3) 對環境有負面影響者，其符號爲－。
(4) 有顯著負面影響者，其符號爲－－。
(5) 對環境無影響者，其符號爲○。

第四章　規劃管理

由於環評作業係屬一個跨領域團隊合作之任務，在執行作業過程中，需要有效率之規劃管理；否則環評作業很容易成爲妥協下之產物。

4-1　規劃管理項目

環評之規劃管理包括下列 6 項：

1. 規劃及執行環評作業之概念方法。
2. 環境影響項目之探討與撰寫。
3. 說明書、評估書內容及評估書之撰寫。
4. 組成跨學門團隊。
5. 遴選團隊領導及綜合評估者。
6. 財務管理。

規劃管理大略可以劃分環評作業內容、環評作業人員組成以及財務管理等三部分。環評作業內容包含規劃及執行環評作業之概念方法、環境影響項目之探討，與撰寫和說明書、評估書內容及評估書之撰寫等；環評作業人員組成則包括組成跨學門團隊與遴選團隊領導及綜合評估者；最後則是財務管理。

爲了落實環境保護精神，環評作業必須針對開發個案組成跨學門團隊，並遴選負責控管環評作業期程之團隊領導，以及綜合評估者。整個環評作業期間之財務管理由專人負責，達到合理經費支出之目標。

首先，團隊領導召集跨學門團隊成員共同討論擬訂評估各項環境影響項目之概念方法，經過跨學門團隊成員依據其各自之專業領域，進行各項環境影響項目之探討、預測、評估和評定，以確保各項環境影響項目都能夠得到充分、完整的探討、預測與評估後，綜合評估者統整各個評估之環境影響項目，提出減輕方案與替代方案，以及建議環境保護對策，並提出環境監測計畫與製作環境保護工作執行所需經費，最後進行撰寫說明書、評估書初稿或評估書。

4-2 環評作業步驟

以 Canter（1996）建議之環評作業步驟為基礎，調整如下：

1. 開發行為之目的及其內容。
2. 開發行為可能影響之各種相關計畫。
3. 開發行為基地區位查詢。
4. 潛在環境影響之評定。
5. 環境現況描述。
6. 環境影響預測、評估。
7. 減輕對策。
8. 提出替代方案，建議環境保護方案。
9. 環境監測計畫
10. 製作環境保護工作執行所需經費。

4-3 環評作業項目

一、開發行為之目的及其內容（作業準則附表五）

（一）開發行為之目的

從計畫項目、規模、產能等開發目標，具體說明其對經濟、社會之發展等貢獻，並說明其重要性、需要性及合理性。

（二）內容

1. 說明開發行為之主要規劃內容，包括平面配置、分期開發、整地數量、主要設施及環保設施等。

2. 說明開發行爲之內容：詳實說明滿足開發目的必備之基礎環境條件、資源需求及其理由，並爲選取替代方案之依據。其內容包括：
   (1) 地理區位需求（臺灣各區及離島之山坡地、平原區、海岸地區、海埔地等）。
   (2) 工程項目、量體、配置。
   (3) 開發行爲基地（含建地）面積需求。
   (4) 周邊環境條件需求（對開發行爲有利與不利之土地利用型態）。
   (5) 公共設施、公共設備之需求。

二、開發行為可能影響之各種相關計畫（作業準則附表六）

包括開發行爲範圍內和開發行爲半徑 10 公里範圍內或線型式開發行爲沿線兩側各 500 公尺範圍內，依序說明相關計畫之名稱、主管單位、完成時間和相互關係或影響。

三、開發行為基地區位查詢（作業準則第8條、附件二）

開發行爲基地不得位於相關法律所禁止開發利用之地區，以及位於相關法令所限制開發利用之地區，應不得違反該法令之限制規定。如果位於環境敏感地區者，除應敘明選擇該地區爲開發行爲基地之原因外，另應詳予評估區內應保護之範圍及對象，並納入環境保護對策。目前內政部國土管理署環境敏感地區單一窗口查詢平台提供包含全國區域計畫之 60 項環境敏感地區和海岸管理法劃定公告之「特定區位」，方便開發單位查詢使用。其中，環境敏感區包含第一級環境敏感區、第二級環境敏感區和其他經中央主管機關認定有必要調查之環境敏感地區等三大類，共 72 種敏感區需要調查。

四、潛在環境影響之評定

需要列舉開發行爲在營運期間所需要之土地需求、空氣逸散及污染、用水量、污水排放及水污染，以及廢棄物產生量及其清運處理。

五、環境現況描述

（一）開發行爲環境品質現況調查表（作業準則附表七）提供各項環境類別和項目之調查項目、調查方法、調查地點、調查時間及頻率等之作業參考準則，若因區位環境或個案特性得免辦部分調查項目。

其中，開發行爲環境品質現況調查表（作業準則附表七）之環境類別有下列 7 大項：

1. 物理及化學
   (1) 氣象
   (2) 空氣品質
   (3) 噪音與振動
   (4) 水文及水質
   (5) 土壤
   (6) 地質及地形
   (7) 廢棄物
2. 生態
3. 景觀及遊憩
4. 社會經濟
5. 交通
6. 文化
7. 環境衛生

（二）環境品質現況調查辦理情形除於說明書詳述外，並應填寫環境品質現況調查明細表（作業準則附表九）。

環境品質現況調查明細表（作業準則附表九）則是以 6 個欄位分別說明類別、調查項目、章節、頁數、未引用政府機關或相關單位長期累積具代表性資料之原因（應敘明理由）與未調查之原因（應敘明理由）。

（三）主管機關審查結論認爲對環境有重大影響之虞，應繼續進行第二階段環評者或開發單位自願進入第二階段環境影響評估者，其說明書環境現況改依開發行爲環境品質現況調查表（作業準則附表八）辦理。

預備進入第二階段環評之開發行爲環境品質現況調查表（作業準則附表八）之環境類別有下列 6 大項：

1. 物理及化學
   (1) 地質、地形及土壤、底質
   (2) 水文及水質
   (3) 氣象及空氣品質（包括陸地及海上）
   (4) 噪音
   (5) 振動
   (6) 異味
   (7) 廢棄物
   (8) 電波干擾
   (9) 能源
   (10) 核輻射
   (11) 核廢料
   (12) 危害性化學物質
   (13) 溫室氣體
2. 生態
   (1) 陸域動物
   (2) 陸域植物

(3) 水域動物

(4) 水域植物

(5) 生態系統

3. 景觀及遊憩

(1) 景觀美質

(2) 遊憩

4. 社會經濟

(1) 土地使用

(2) 社會環境

(3) 交通

(4) 經濟環境

(5) 社會關係

5. 文化

(1) 文化資產

6. 其他

附表八除了當地環境現況描述外，預備在第二階段環境影響評估進行之內容，包括調查項目、調查方法、調查地點、調查頻率、起訖時間等，需要依據上述 6 大項分別描述。

六、環境影響預測、評估

作業準則附表十提供各項環境因子之預測和評估方式。列舉之 5 種類別、環境項目與環境因子如下：

（一）物理及化學

1. 地形、地質及土壤

(1) 地形

(2) 地質

(3) 特殊地形或地質

(4) 土壤

(5) 取棄土

(6) 沖蝕及沉積

(7) 邊坡穩定

(8) 基礎承載

(9) 地震及斷層

(10) 礦產資源

(11) 地層下陷

2. 水

(1) 海象

(2) 地面水

(3) 地下水

(4) 水文平衡

(5) 水質

(6) 排水

(7) 洪水

(8) 水權

(9) 河川輸砂及水庫淤泥

(10) 漂砂

3. 氣候及空氣品質

(1) 氣候及風

(2) 空氣品質

(3) 日照陰影

(4) 熱平衡

4. 噪音

5. 振動

6. 異味

7. 廢棄物

8. 取土

9. 覆蓋土

10. 能源需求

11. 輻射

（二）生態

1. 陸域動物

(1) 種類及數量
(2) 種歧異度
(3) 棲息地及習性
(4) 通道及屏障

2. 陸域植物

(1) 種類及數量
(2) 種歧異度
(3) 植生分布
(4) 優勢群落

3. 水域動物

(1) 種類及數量
(2) 種歧異度
(3) 棲息地及習性
(4) 遷移及繁衍

4. 水域植物

(1) 種類及數量

(2) 種歧異度

(3) 植生分布

(4) 優勢群落

5. 瀕臨絕種及受保護族群

(1) 動物

(2) 植物

6. 生態系統

(1) 優養作用

(2) 食物鏈

（三）景觀及遊憩

1. 景觀美質

(1) 原始景觀

(2) 生態景觀

(3) 文化景觀

(4) 人爲景觀

2. 遊憩

(1) 遊憩需求

(2) 遊憩資源

(3) 遊憩活動

(4) 遊憩設施

(5) 遊憩體驗

（四）社會經濟

1. 土地使用

(1) 使用方式

(2) 發展特性

(3) 計畫區土地使用適宜性

(4) 鄰近土地使用型態

2. 社會環境

(1) 人口及組成

(2) 公共設施

(3) 公共服務

(4) 公共衛生及安全

3. 交通（交通運輸）

4. 經濟層面

(1) 就業

(2) 經濟活動（含地方財政）

(3) 漁業資源

(4) 土地所有權

(5) 地價

(6) 生活水準

5. 社會關係（社會心理）

(1) 社會體系

(2) 社會心理

(3) 安全危害

（五）文化

1. 教育性、科學性

(1) 建築

(2) 生態

(3) 地質

2. 歷史性、紀念性

(1) 建築物結構體

(2) 宗教、寺廟、教堂

(3) 活動、事件

3. 文化性

(1) 民俗

(2) 文化

預測和評估方式盡可能以量化表示，無法以量化表示時，才以定性描述說明。

七、減輕對策

減輕對策依序有避免、限制、修正、縮小和補償：

（一）避免：放棄某些行動計畫或部分行動計畫以避免環境衝擊。

（二）限制：限制行動計畫之規模或程度及其進行，以縮小環境衝擊。

（三）修正：藉由修復、復育或重建受影響之環境以修正環境衝擊。

（四）縮小：藉由保存或維護以縮小環境衝擊。

（五）補償：更換或提供替代資源或環境，以補償環境衝擊。

八、提出替代方案，建議環境保護方案

替代方案包含：

（一）開發地點或路線替代方案。

（二）開發技術規劃替代方案。
（三）開發強度、範圍和規模替代方案。
（四）施工、營運與退役替代方案。
（五）分階段替代方案。
（六）零方案。
（七）施工、營運與退役之時間選擇方案。
（八）環境保護措施替代方案。

一般使用數值和等級兩種評等方式，從 4～5 個替代方案中，針對不同項目計分或評等，再依據各個項目之不同權重加總後，選出分數最高或等級最高之替代方案作爲建議之環境保護方案。

九、環境監測計畫

環境監測計畫有下列功能：

（一）監控開發行爲是否符合施工許可及營運執照取得時之承諾。
（二）檢視環境影響預測之風險管理及不確定性。
（三）當未能預期之有害環境影響事件發生時，能夠修正開發計畫內容或研議減輕對策。
（四）分析檢討影響預測之準確度，以及減輕對策之有效性，以作爲未來同類型開發計畫之參考。
（五）審視開發計畫之環境管理有效性。
（六）藉由監測結果作爲受開發計畫影響之當地居民補償基準。

十、製作環境保護工作執行所需經費

開發計畫應執行之環境保護工作計畫，包括環境保護工程、環境監測作業、民眾宣導與公關作業等。因此，執行環境保護工作所需經費有環境監測費用、監測報告編製及追蹤考核辦理費用、硬體設施及設備費，以及其他環境保護措施費用等 4 項，依施工和營運兩個階段分別編列。

第五章　環境影響評估執行

開發單位通過環評程序後，應該依據說明書、評估書內容與審查結論切實執行。同時，開發單位需要完成執行在環評過程中，自願或被要求承諾採用更嚴格之約定值、最佳可行污染防制（治）技術、總量抵減措施或零排放等方式。其中，約定值爲開發單位評估環境負荷後設定之排放值，或於說明書、評估書初稿、評估書所作之承諾值，或是主管機關於審查時之設定值。（環評法第 17 條、作業準則第 4 條）

另外，已經審查通過之說明書或評估書，非經主管機關及目的事業主管機關核准，不得變更原申請內容。（環評法第 16、17 條）而且，施行細則第 36 條指出，須核准變更申請內容，係指說明書、評估書內容有變更者：

一、說明書變更內容項目

1. 開發單位之名稱及其營業所或事務所。
2. 開發行爲之名稱及開發場所。
3. 開發行爲之目的及其內容。
4. 環境保護對策、替代方案。

二、評估書變更內容項目

1. 開發單位之名稱及其營業所或事務所。
2. 開發行爲之名稱及開發場所。
3. 開發行爲之目的及其內容。
4. 減輕或避免不利環境影響之對策。
5. 綜合環境管理計畫。

6. 對有關機關意見之處理情形。
7. 對當地居民意見之處理情形。

5-1 重辦環評

一、變更環評審查結論

開發行為進行中或完成後，有下列情形之一，致原開發行為未符合應實施環評之規定者，開發單位得依環評法規定辦理變更說明書或評估書、審查結論內容：

1. 開發行為規模降低。
2. 環境敏感區位劃定之變更。
3. 應實施環評之規定修正。
4. 其他相關法令之修正。（認定標準第 47 條）

二、重新辦理環評

開發單位變更原申請內容有下列情形之一者，應就申請變更部分，重新辦理環境影響評估：

1. 計畫產能、規模擴增或路線延伸 10% 以上者。
2. 土地使用之變更涉及原規劃之保護區、綠帶緩衝區或其他因人為開發易使環境嚴重變化或破壞之區域者。
3. 降低環保設施之處理等級或效率者。
4. 計畫變更對影響範圍內之生活、自然、社會環境或保護對象，有加重影響之虞者。
5. 對環境品質之維護，有不利影響者。
6. 其他經主管機關認定者。（施行細則第 38 條）

其中，有關計畫產能、規模擴增或路線延伸 10% 以上者，以及土地使用之變更涉及原規劃之保護區、綠帶緩衝區或其他因人爲開發易使環境嚴重變化或破壞之區域者，經過主管機關及目的事業主管機關同意者，可以不須重辦環評。雖然如此，縱使開發行爲完成並取得營運許可後，如果有規模擴增或擴建情形對環境有不良影響之虞者，仍應依環評法規定實施環評。

5-2　免實施環評

一、免實施環評

通過環評之開發計畫內之各項開發行爲符合下列各項規定者，免實施環評：

1. 產業類別符合原核定。
2. 經開發行爲（計畫）之開發單位確認未超出原核定污染總量。但任一污染物排放量達該項污染物核定總量 20% 以上或粒狀污染物、氮氧化物、硫氧化物及揮發性有機物任一排放量達每年 100 公噸以上者，應經目的事業主管機關及原環境影響評估案件之目的事業主管機關同意。（認定標準第 49 條）

二、免實施環評，於工程進行前應報目的事業主管機關及主管機關備查

1. 經目的事業主管機關認定屬災害復原重建之清淤疏濬或屬災害復原重建、搶通之緊急性工程。但屬道路、鐵路和大眾捷運系統等開發行爲之災害復原重建，其重建工程並應符合因災害受損及銜接原道路、鐵路或大眾捷運系統之原則。
2. 經專業技師公會認定不立即改善，將有發生災害之虞，且經管理機關（構）完成封閉禁止使用。（認定標準第 50 條）

三、有條件免實施環評

（一）重要濕地

開發行爲因位於重要濕地而應實施環評者，經重要濕地主管機關認定符合重要濕地保育利用計畫允許之明智利用項目，免實施環境影響評估。

但同時因位於其他區位或開發規模而應實施環評者，仍應實施環評。（認定標準第 51 條）

（二）重新申請相同開發行為許可

曾經目的事業主管機關許可之開發行爲，因變更開發單位或其他因素重新申請相同開發行爲許可，於重新申請許可時，仍應依認定標準規定辦理。但經目的事業主管機關確認符合下列各款規定者，得免實施環評：

1. 原許可未經撤銷或廢止，且申請日期未逾原許可期限 3 年。
2. 原開發行爲已完成並曾實際營運。
3. 重新申請許可內容，未超出原許可或最後許可內容。
4. 申請內容除污染防制設施及收集，或處理溫室氣體之設施外，未涉及其他工程。
5. 開發行爲如爲工廠，重新申請許可之工業類別、生產設施及製程與原工廠相同。

當重新申請之開發行爲爲廢棄物處理設施時，應依據以物理方式處理混合五金廢料之處理場或設施興建或擴建工程之規定辦理。（認定標準第 52 條）

5-3 不須核准變更之備查事項

不須核准變更，但應函請目的事業主管機關轉送主管機關備查事項：

1. 開發基地內非環境保護設施局部調整位置。
2. 不立即改善有發生災害之虞或屬災害復原重建。

3. 其他法規容許誤差範圍內之變更。
4. 依據環境保護法規之修正，執行公告之檢驗或監測方法。
5. 在原有開發基地範圍內，計畫產能或規模降低。
6. 提升環境保護設施之處理等級或效率。
7. 其他經主管機關認定未涉及環境保護事項或變更內容對環境品質維護不生負面影響。（施行細則第 36 條）

5-4　環評執行期間之報告書

一、備查文件

不須核准變更，但應函請目的事業主管機關轉送主管機關備查，其備查內容如下：

1. 開發單位之名稱及其營業所或事務所地址。
2. 符合備查情形、申請備查理由及內容。
3. 其他經主管機關指定之事項。（施行細則第 37-1 條）

二、變更內容對照表

（一）環境影響差異分析報告與變更內容對照表

開發單位申請變更已通過之說明書或評估書內容或審查結論，其變更項目和規模符合無須重辦環評者，應提出環境影響差異分析報告，由目的事業主管機關核准後，轉送主管機關核准。但符合下列情形之一者，得檢附變更內容對照表，由目的事業主管機關核准後，轉送主管機關核准：

1. 開發基地內環境保護設施調整位置或功能，但不涉及改變承受水體或處理等級效率。
2. 既有設備改變製程、汰舊換新或更換低能耗、低污染排放量設備，而產能不變或產能提升未達 10%，且污染總量未增加。

3. 環境監測計畫變更。
4. 因開發行爲規模降低、環境敏感區位劃定變更、環境影響評估或其他相關法令之修正，致原開發行爲未符合應實施環境影響評估而須變更原審查結論。
5. 其他經主管機關認定對環境影響輕微。（施行細則第 37 條）

（二）變更內容對照表之內容

變更內容對照表，應記載下列事項：

1. 開發單位之名稱及其營業所或事務所地址。
2. 符合免重辦環評，得以變更內容對照表之情形、申請變更理由及內容。
3. 開發行爲現況。
4. 本次及歷次申請變更內容與原通過內容之比較。
5. 變更後對環境影響之說明。
6. 其他經主管機關指定之事項。（施行細則第 37-1 條）

三、環境影響差異分析報告

當通過環評開發行爲之變更項目和規模符合無須重辦環評，但不符合檢附變更內容對照表條件者，應提出環境影響差異分析報告。環境影響差異分析報告，應記載下列事項：

1. 開發單位之名稱及其營業所或事務所地址。
2. 綜合評估者及影響項目撰寫者之簽名。
3. 本次及歷次申請變更內容與原通過內容之比較。
4. 開發行爲或環境保護對策變更之理由及內容。
5. 變更內容無符合應重辦環評適用情形之具體說明。
6. 開發行爲或環境保護對策變更後，對環境影響之差異分析。
7. 環境保護對策之檢討及修正，或綜合環境管理計畫之檢討及修正。
8. 其他經主管機關指定之事項。（施行細則第 37-1 條）

四、環境現況差異分析及對策檢討報告

開發單位於通過環評審查並取得開發許可後，逾 3 年始實施開發行爲時，應提出環境現況差異分析及對策檢討報告，由目的事業主管機關核准後，轉送主管機關核准後，轉送主管機關審查。主管機關未完成審查前，不得實施開發行爲。（環評法第 16-1 條，施行細則第 37 條）

說明書之環境品質現況調查係依據作業準則之開發行爲環境品質現況調查表（作業準則附表七）提供之調查項目、方法、地點、時間及頻率，對照開發行爲基地區位之環境因子所製作完成環境品質現況調查明細表（作業準則附表九）。因此，環境現況調查可藉由同樣調查項目、方法、地點、時間及頻率完成。最後分析說明書與現況兩前後時間之環境品質差異，並針對差異點提出對策檢討。

評估書之環境品質現況調查係依據作業準則之開發行爲環境品質現況調查表（作業準則附表七）提供之調查項目、方法、地點、時間及頻率，對照開發行爲基地區位之環境因子所製作完成開發行爲環境品質現況調查表（作業準則附表八）。因此，環境現況調查可藉由同樣調查項目、方法、地點、時間及頻率完成。最後分析評估書與現況兩前後時間之環境品質差異，並針對差異點提出對策檢討。

五、環境影響調查報告書

開發行爲進行中及完成後使用時，應由目的事業主管機關追蹤，並由主管機關監督說明書、評估書及審查結論之執行情形；必要時，得命開發單位定期提出環境影響調查報告書。（環評法第 18 條）

環境影響調查報告書，應記載下列事項：

1. 開發單位之名稱及其營業所或事務所地址。
2. 環境影響調查報告書綜合評估者及影響項目撰寫者之簽名。
3. 開發行爲現況。

4. 開發行為進行前及完成後使用時之環境差異調查、分析，並與說明書、評估書之預測結果相互比對檢討。
5. 結論及建議。
6. 參考文獻。
7. 其他經主管機關指定之事項。（施行細則第 40 條）

六、因應對策

主管機關於監督期間發現開發行為對環境造成不良影響時，應命開發單位限期提出因應對策，於經主管機關核准後，切實執行。（環評法第 18 條）

因應對策，應記載下列事項：

1. 開發單位之名稱及其營業所或事務所地址。
2. 依據環境影響調查報告書判定之結論或主管機關逕行認定對環境造成不良影響之內容，提出環境保護對策之檢討、修正及預定改善完成期限。
3. 執行修正後之環境保護對策所需經費。
4. 參考文獻。
5. 其他經主管機關指定之事項。（施行細則第 40 條）

七、環境影響調查、分析及提出因應對策之書面報告

環評法施行前已實施而尚未完成之開發行為，主管機關認有必要時，得命開發單位辦理環境影響之調查、分析，並提出因應對策，於經主管機關核准後，切實執行。（環評法第 28 條）

環境影響調查、分析及提出因應對策之書面報告，應記載下列事項：

1. 開發單位之名稱及其營業所或事務所。
2. 負責人之姓名、住居所及身分證統一編號。

3. 開發行爲之名稱及開發場所。
4. 開發行爲之目的及其內容。
5. 開發行爲所採之環境保護對策及其成果。
6. 環境現況。
7. 開發行爲已知或預測之環境影響。
8. 減輕或避免不利環境影響之對策。
9. 替代方案。
10. 執行因應對策所須經費。
11. 參考文獻。（施行細則第 49 條）

八、廢止審查結論

說明書、評估書或環境現況差異分析及對策檢討報告之審查結論公告後，開發單位遭目的事業主管機關廢止其開發許可文件者，審查結論失其效力。（環評法第 16-2 條）

九、不得開發與替代方案

1. 目的事業主管機關於說明書未經完成審查或評估書未經認可前，不得爲開發行爲之許可，其經許可者，無效。
2. 經主管機關審查認定不應開發者，目的事業主管機關不得爲開發行爲之許可。但開發單位得另行提出替代方案，重新送主管機關審查。
3. 開發單位提出之替代方案，如就原地點重新規劃時，不得與主管機關原審查認定不應開發之理由牴觸。（環評法第 14 條）

5-5　環評執行圖表

將環評執行期間所需要之行政程序和報告書件整理如下：

一、須經核准之變更

須經核准、變更環評結論，以及重辦環評之變更事項如表 5-1 所示。

表 5-1 須經核准變更事項

<table>
<tr><th colspan="2">變更事項</th><th>須經核准</th><th>變更環評結論</th><th>重辦環評</th></tr>
<tr><td colspan="2">開發單位名稱及其營業所</td><td>V</td><td></td><td></td></tr>
<tr><td colspan="2">開發行爲名稱及其開發場所</td><td>V</td><td></td><td></td></tr>
<tr><td colspan="2">開發行爲目的及其內容</td><td>V</td><td></td><td></td></tr>
<tr><td colspan="2">環保對策、替代方案</td><td>V</td><td></td><td></td></tr>
<tr><td colspan="2">減輕或避免不利環境影響之對策</td><td>V</td><td></td><td></td></tr>
<tr><td colspan="2">綜合環境管理計畫</td><td>V</td><td></td><td></td></tr>
<tr><td colspan="2">對有關機關意見之處理情形</td><td>V</td><td></td><td></td></tr>
<tr><td colspan="2">對當地居民意見之處理情形</td><td>V</td><td></td><td></td></tr>
<tr><td rowspan="3">因右列情形致原開發行爲未符合應實施環評規定</td><td>開發行爲規模降低</td><td></td><td>V</td><td></td></tr>
<tr><td>環境敏感區位劃定變更</td><td></td><td>V</td><td></td></tr>
<tr><td>環評或其他相關法令修正</td><td></td><td>V</td><td></td></tr>
<tr><td colspan="2">計畫產能、規模擴增或路線延伸 10% 以上者</td><td></td><td></td><td>V</td></tr>
<tr><td colspan="2">土地使用之變更涉及原規劃之保護區、綠帶緩衝區或其他因人爲開發易使環境嚴重變化或破壞之區域者</td><td></td><td></td><td>V</td></tr>
<tr><td colspan="2">降低環保設施之處理等級或效率者</td><td></td><td></td><td>V</td></tr>
<tr><td colspan="2">計畫變更對影響範圍內之生活、自然、社會環境或保護對象，有加重影響之虞者</td><td></td><td></td><td>V</td></tr>
<tr><td colspan="2">對環境品質之維護，有不利影響者</td><td></td><td></td><td>V</td></tr>
</table>

二、免環評之變更

有些事項除了免環評外，尚須經目的事業主管機關同意，或工程進行前應報目的事業主管機關及主管機關備查。另外，通過環評之開發計畫內，各開發行爲雖未超出原核定污染總量，但任一污染物排放量達該項污染物核定總量 20% 以上或粒狀污染物、氮氧化物、硫氧化物及揮發性有機物任一排放量達每年 100 公噸以上者，雖然免環評，但應經目的事業主管機關同意。經許可之開發行爲因變更開發單位或其他因素重新申請相同開發行爲，興建或擴建以物理方式處理混合五金廢料之處理場或設施則無法免環評，依認定標準規定辦理。免環評之變更事項如表 5-2 所示。

表 5-2　免環評之變更事項

<table>
<tr><th colspan="2" rowspan="2">變更事項</th><th rowspan="2">應辦環評</th><th colspan="4">免環評</th></tr>
<tr><th></th><th>應經同意</th><th>工程進行前應備查</th><th>依認定標準辦理</th></tr>
<tr><td rowspan="3">完成環評審查開發計畫內</td><td>各開發行爲產業類別符合原核定</td><td></td><td>V</td><td></td><td></td><td></td></tr>
<tr><td>各開發行爲未超出原核定污染總量</td><td></td><td>V</td><td></td><td></td><td></td></tr>
<tr><td>各開發行爲雖未超出原核定污染總量，但任一污染物排放量達該項污染物核定總量 20% 以上或粒狀污染物、氮氧化物、硫氧化物及揮發性有機物任一排放量達每年 100 公噸以上者</td><td></td><td>V</td><td>V</td><td></td><td></td></tr>
<tr><td colspan="2">經目的事業主管機關認定屬災害復原重建之清淤疏濬或屬災害復原重建、搶通之緊急性工程</td><td></td><td></td><td></td><td>V</td><td></td></tr>
<tr><td colspan="2">經專業技師公會認定不立即改善，將有發生災害之虞，且經管理機關（構）完成封閉禁止使用</td><td></td><td></td><td></td><td>V</td><td></td></tr>
</table>

<table>
<tr><th colspan="2" rowspan="2">變更事項</th><th rowspan="2">應辦環評</th><th colspan="4">免環評</th></tr>
<tr><th></th><th>應經同意</th><th>工程進行前應備查</th><th>依認定標準辦理</th></tr>
<tr><td colspan="2">經重要濕地主管機關認定符合重要濕地保育利用計畫允許之明智利用項目</td><td></td><td>V</td><td></td><td></td><td></td></tr>
<tr><td colspan="2">開發行爲同時位於重要濕地和其他區位，或開發規模符合應實施環評</td><td>V</td><td></td><td></td><td></td><td></td></tr>
<tr><td rowspan="6">經許可之開發行爲因變更開發單位或其他因素，重新申請相同開發行爲</td><td>原許可未經撤銷或廢止，且申請日期未逾原許可期限 3 年</td><td></td><td>V</td><td></td><td></td><td></td></tr>
<tr><td>原開發行爲已完成並曾實際營運</td><td></td><td>V</td><td></td><td></td><td></td></tr>
<tr><td>重新申請許可內容，未超出原許可內容</td><td></td><td>V</td><td></td><td></td><td></td></tr>
<tr><td>申請內容除污染防制設施及收集或處理溫室氣體之設施外，未涉及其他工程</td><td></td><td>V</td><td></td><td></td><td></td></tr>
<tr><td>開發行爲如爲工廠，重新申請許可之工業類別、生產設施及製程與原工廠相同</td><td></td><td>V</td><td></td><td></td><td></td></tr>
<tr><td>興建或擴建以物理方式處理混合五金廢料之處理場或設施</td><td></td><td></td><td></td><td></td><td>V</td></tr>
</table>

三、環評報告書

由於需要辦理環境影響調查、分析及提出因應對策書面報告之情況較少，因此，環評報告書主要列舉說明書、評估書、備查文件、變更內容對照表、環境影響差異分析報告、環境現況差異分析及對策檢討報告、環境影響調查報告書，以及因應對策。環評報告書如表 5-3 所示。

表 5-3　環評報告書

事項或變更事項	說明書	評估書	備查	變更內容對照表	環境影響差異分析報告	環境現況差異分析及對策檢討報告	環境影響調查報告書	因應對策
不良影響之虞	V							
重大影響之虞		V						
開發基地內非環境保護設施局部調整位置			V					
不立即改善有發生災害之虞或屬災害復原重建			V					
其他法規容許誤差範圍內之變更			V					
依據環境保護法規之修正，執行公告之檢驗或監測方法			V					
在原有開發基地範圍內，計畫產能或規模降低			V					
提升環境保護設施之處理等級或效率			V					
其他經主管機關認定未涉及環保事項或變更內容對環境品質維護不生負面影響			V					
開發基地內環保設施調整位置或功能				V				
既有設備改變製程、汰舊換新或更換低能耗、低污染排放量設備，而產能不變或產能提升未達10%，且污染總量未增加				V				
環境監測計畫變更				V				
因開發行為規模降低、環境敏感區位劃定變更、環評或其他相關法令修正，致原開發行為未符合應實施環評規定而須變更原審查結論				V				

事項或變更事項	說明書	評估書	備查	變更內容對照表	環境影響差異分析報告	環境現況差異分析及對策檢討報告	環境影響調查報告書	因應對策
其他經主管機關認定對環境影響輕微				V				
通過環評開發行爲之變更項目和規模符合無須重辦環評，但不符合檢附變更內容對照表條件者					V			
通過環評審查且取得開發許可，逾 3 年始實施開發行爲						V		
監督追蹤比對說明書、評估書預測結果							V	
監督期間之開發行爲對環境造成不良影響								V

第六章　環境影響因子界定

環境影響評估程序依序為環境影響因子界定、環境現況描述、環境品質相關標準、影響預測、評估影響顯著性，以及研擬減輕對策等 6 項。

6-1　基本概念

一、空氣污染

空氣污染係室外大氣環境中之一種或多種污染物數量及持續時間可能影響或干擾人類，或動、植物生命或財產；亦即空氣中足以直接或間接妨害人類健康或生活環境之物質。空氣品質標準強調室外或大氣環境，有別於室內或工作場所之室內空氣品質標準。

（一）空氣污染物包括氣狀物和粒狀物兩種

氣狀物為具有高度擴散性之流體，只能在高壓低溫情況下液化或固化。粒狀物則是代表所有固狀或液狀擴散物質，其所聚合之個體直徑比單一小分子〔大約 0.0002 微米（μm）〕大，但小於 500μm。（1 微米等於 10^{-6}m。）

1. 空氣毒物，有害空氣污染物，是一種滯留於大氣中之化合物，其潛在毒性影響涵蓋人類，甚至整個生態系。主要有：
   (1) 光化學煙霧：為大氣中碳氫化合物，或揮發性有機化學物質，與氮氧化物之光解作用結果形成懸浮粒子和臭氧。
   (2) 酸雨：為二氧化硫、氮氧化物和水反應，而成大氣反應產生 pH 值小於 7 之降雨。

空氣污染影響大氣熱平衡，也影響太陽輻射能吸收及反射。大氣中增加二氧化碳及其他溫室氣體之濃度，導致地球表面已開始增溫。

（二）污染源

空氣污染以來源區分，包含來自自然界和人類行爲兩大類：

1. 自然界：植物花粉、風吹沙、火山塵與森林火災釋放廢氣和污染物。
2. 人類行爲：運輸車輛、工業製程、火力電廠、施工以及軍事訓練活動。

（三）污染來源範圍

以污染來源範圍區分，包含點源和面源兩大類：

1. 點源：工業製程與燃料燃燒設備之煙囪所排放之污染物。
2. 面源：車輛交通、原料堆置場或施工逸散粉塵。

（四）操作單元

1. 移動污染源：因本身動力而改變位置之污染源，如機動車輛等。
2. 固定污染源：維持固定位置排放污染源。

二、噪音

自振動表面所產生之機械能，藉由其經過物質之週期性收縮與舒張動作而傳播，稱爲聲音。聲音可經由氣體、液體與固體傳播。單位時間內空氣分子之收壓與舒張數爲頻率，頻率以赫茲（Hz）表示，亦即每秒之週期數。其中，人類可確認之聲音頻率約爲 16 至 20,000Hz；人耳對於音壓之增加，爲非線性之對數關係。噪音量測以音壓位準（SPL）表示，爲音壓與參考壓比値之對數値，分貝（dB）爲無因次單位。

參考位準爲 0.0002μbar，此爲人耳之基準値。分貝 dB(A) 代表噪音計上 A 權位置之測量値。

$$SPL = 20\log_{10}\left(\frac{P}{P_0}\right)$$

SPL = 音壓位準，dB

P = 音壓，μbar

P_0 = 參考位準，0.0002μbar

表 6-1　各類聲量之狀況與類似事件

分貝	聲量	狀況	類似事件
140	耳聾	連續暴露在此聲量範圍內容易傷害聽覺	近似噴射機引擎
130			疼痛閾值
120			搖滾樂團最高潮
110			20 呎處之重機車
105			10 呎處之汽車大喇叭
100	很大聲		紡織廠織布機
90			喧鬧工廠和城市街道
80		—	20 呎處之小卡車
70	大聲	演講聲量	近似高速公路交通
60			辦公室
50	中等		住宅
40		—	沒有播放音響之住宅
30	微弱	—	耳語
20		—	風吹樹葉
10	很微弱	—	人體呼吸
0		—	聽覺閾值

噪音依其連續性與強度可以分下列兩大類：

1. 衝擊性噪音：屬於連續短時間及高強度之聲音，例如：爆炸、音爆、槍砲聲或爆竹聲。
2. 連續性噪音：屬於較長連續時間及較低強度之噪音，例如：來自施工或交通之噪音。

三、文化

文化資產係指具有歷史、藝術或科學等文化價值，並經指定或登錄為有形或無形文化資產。其中，和環評有關之有形資產如下：

1. 古蹟：指人類爲生活需要所營建之具有歷史、文化、藝術價值之建造物及附屬設施。
2. 歷史建築：指歷史事件所定著或具有歷史性、地方性、特殊性之文化、藝術價值，應予保存之建造物及附屬設施。
3. 紀念建築：指與歷史、文化、藝術等具有重要貢獻之人物相關而應予保存之建造物及附屬設施。
4. 聚落建築群：指建築式樣、風格特殊或與景觀協調，而具有歷史、藝術或科學價值之建造物群或街區。
5. 考古遺址：指蘊藏過去人類生活遺物、遺跡，而具有歷史、美學、民族學或人類學價值之場域。
6. 史蹟：指歷史事件所定著而具有歷史、文化、藝術價值應予保存所定著之空間及附屬設施。
7. 文化景觀：指人類與自然環境經長時間相互影響所形成具有歷史、美學、民族學或人類學價值之場域。
8. 自然地景、自然紀念物：指具保育自然價值之自然區域、特殊地形、地質現象、珍貴稀有植物及礦物。

6-2　施工與營運期間之環境影響因子

不同種類之開發行爲在不同環境區位，都會對該環境區位產生不同之影響型態與數量。例如：同一個地點開發爲公園或垃圾掩埋場；或是將公園規劃在都會區或山區，都會產生不同之環境影響與衝擊。

一、施工期間之環境影響因子

各個類別之開發行爲於施工期間之環境影響因子大致類似，列舉如下：

1. 開挖作業導致土地裸露、塵土飛揚、空氣污染；老舊施工機具排放廢氣。
2. 給水、排水、截水、污水排放。
3. 施工作業與施工車輛造成之噪音、振動。
4. 表土挖取、覆土來源、地下水抽取、排放。
5. 地形挖填、表土沖刷。
6. 挖方堆積、生活廢棄物、施工機具油脂處理。
7. 棲地破壞、破碎。
8. 機具、材料任意堆放，影響視覺景觀。
9. 施工圍籬置放時間過久、範圍過大，影響工區附近生計。
10. 取棄土車輛每日運送次數影響當地交通。

二、營運期間之環境影響因子

（一）開發行為之環境影響因子

各個類別之開發行爲於營運期間之環境影響因子如下：

1. 工廠：營運期間可能產生有害空氣污染、廢污水、有害事業廢棄物，需要充分掌握開發行爲可能產生之污染物種類和數量，及其對環境之影響。廢氣除了要符合法規限值外，且需要注意一年四季，各個下風處之敏感點特性，適度調高排放標準；污水排放除了符合排放標準外，需要針對排放口下游處或承受水體某一段距離內之生態或農業灌溉取水調高排放標準。有害事業廢棄物係委託專業廠商運送處理，需要掌握運輸路線和最終處理對環境之影響。
2. 道路、鐵路、大眾捷運系統：可能影響排水、噪音振動、改變地形、棲地破碎。路堤段如果沒有處理好與其橫交或斜交之河流或排水時，會有排水來不及宣洩，產生淹水之可能。路塹段則須注意或加強單側或兩側之邊坡穩定，避免塊體滑動影響用路人安全。距離社區、醫院、學校較近之高架段需要注意噪音振動值，避免影響生活。隧道段出入口處或排煙井要謹慎處理燃油車排出之廢氣是否影響周遭環境。橋梁段之橋墩形狀或數量不能影響排洪斷面。路線規劃盡量不要穿越生態棲地，切割棲地。

3. 港灣、港埠工程或填海造地：可能影響排水、海域水文、海域水質、水質交換、海岸地形變遷、海域生態、水下文化遺產。開發行為對不同季節之沿岸流、漂砂、鄰近海域與陸域生態、水下文化資產、漁業活動以及未來之海岸地形或對河口排水與沖淤之影響。
4. 機場：可能影響排水及地下水、噪音、鳥類及其他野生動物。航空器起降所產生之噪音，為機場及其周邊地區之主要影響因子，其次為鳥類和野生動物之棲地被迫遷移。
5. 土石採取：可能影響空氣污染、廢污水、地下水脈挖斷、地表沖刷、礦區開挖、廢棄物、礦渣堆積、棲地破壞、景觀。地表土石採取會有粉塵、開挖機具產生廢氣、洗選土石污水、礦渣堆積區和採礦基地有表土沖刷、影響視覺景觀與生態棲地破壞等環境影響因子。豎井式開挖可以降低視覺景觀衝擊。深度開挖可能會截斷地下水脈，影響下游原有之供水水源。
6. 堰壩與攔水設施：可能影響流量改變、地下水互補、地形挖填、水域生態、社會經濟。堰壩或攔水設施興建導致淹沒區居民和陸域生態大量遷徙，影響因子包含社會、經濟和文化。同時，在槽、離槽水庫下游流量變小，水庫上游淹沒區變大、地下水互補作用大、水域生態棲地擴大、陸域生態棲地縮小，不利珍貴稀有植物和古蹟、遺址。
7. 水力發電廠、越域引水：可能影響流量改變、地下水互補、水域生態。除了有堰壩與攔水設施之環境影響因子外，還要避免水域動物進入或被吸入發電廠或越域引水之進水口。
8. 農林漁牧：可能影響水文、土壤、廢棄物、生態。開挖整地之環境影響因子為水土流失、過度放牧造成土壤硬化，增加地表逕流、農、牧廢棄物，降低掩埋場有效容量、外來物種或生產技術引進對當地社區或生態、水文環境等之影響、砍伐森林作爲農、牧使用，會限縮陸域生態棲地範圍和珍貴稀有植物生存空間。

9. 遊樂區、運動場地：可能影響地形挖填、棲地破壞、交通運輸。開挖整地之環境影響因子爲水土流失、遊樂區與運動場地闢建或擴增會限縮陸域棲地，也影響珍貴稀有植物生存空間。活動辦理或連假熱門期間之交通壅塞，也影響當地居民之生活。
10. 文教、醫療設施：研究、試驗、醫療之事業廢棄物要掌握其運輸路線和最終處理機制。
11. 市區開發：可能影響給水、排水、廢棄物清理、棲地退縮、交通設施、文化遺產。增加用水量、生活污水量、廢棄物數量、交通量；開發區會限縮陸域棲地，也影響珍貴稀有植物生存空間和古蹟、遺址。
12. 高樓建築：可能影響風場、日照、電波、空氣污染物擴散干擾、廢棄物清理、交通設施。影響風場、日照、電波，干擾空氣污染物擴散、增加廢棄物清理量和交通量。
13. 環保工程：可能影響臭味、承受水體水量、水質、污泥處理運送、水域生態。臭味擴散、影響承受水體水量、水質和水域生態，需要掌握污泥運送路線和最終處理對環境之影響。
14. 廢棄物處理場：可能影響臭味、承受水體水質、噪音、振動、景觀、交通影響。臭味擴散、影響承受水體水量、水質和水域生態。機具操作噪音和廢氣，以及廢棄物運送路線對環境之影響。
15. 火力發電：可能影響空氣污染、溫排水、飛灰。煙囪排放固態和汽態污染物對環境之影響、使用海水冷卻對海域生態環境和漁業活動之影響。
16. 超高壓輸電線路工程：可能影響視覺景觀、電磁效應。電磁效應對社區、學校之影響、整排多座高壓鐵塔對視覺景觀之影響。
17. 放射性核廢料儲存處理場：可能影響空氣污染、水污染、土壤與地下水、噪音、核廢料儲存、陸域生態、輻射防護。核廢料運送路線對環境之影響、空氣污染防制、水污染防治、噪音防制、廢液或廢棄物處理、周邊陸域和水域生態影響。

18. 購物中心、展覽會場：可能影響噪音、廢棄物、交通。活動辦理或購物熱季期間之噪音、廢棄物和交通量增加對周邊社區環境之影響。

19. 殯儀館、屠宰場：可能影響污水、廢棄物、棲地影響、視覺景觀。這類鄰避設施影響視覺景觀，污水、廢棄物對野生動物棲地造成影響。

（二）可能影響環境之開發行為

將環境因子依空氣、水文、水質、噪音振動、土壤及地下水、地形、廢棄物、生態、景觀遊憩、社會經濟、交通、健康風險和文化等 13 項分類時，則可能影響環境之開發行爲如下：

1. 空氣：工廠、土石採取、高樓建築、環保工程、廢棄物處理場、火力發電、放射性核廢料儲存處理場
2. 水文：鐵、公路、大眾捷運系統、港灣工程、塡海造地、機場、土石採取、堰壩與攔水設施、水力發電廠、越域引水、農林漁牧、市區開發、環保工程。
3. 水質：工廠、港灣工程、塡海造地、土石採取、環保工程、廢棄物處理場、火力發電、放射性核廢料儲存處理場、殯儀館、屠宰場。
4. 噪音振動：鐵、公路、大眾捷運系統、機場、廢棄物處理場、放射性核廢料儲存處理場、購物中心、展覽會場。
5. 土壤及地下水：機場、土石採取、堰壩與攔水設施、水力發電廠、越域引水、農林漁牧、放射性核廢料儲存處理場。土地開發、資源開採及廢棄物掩埋計畫，均可能對當地之土壤及／或地下水環境造成品質或量體不利影響。以地下水爲水源之計畫，也會影響地下水水質水量。除了地下水過量抽取外，地表或地下之石油、天然氣開採等，都有引發地層下陷之可能。

土壤及地下水之環境影響因子如下：

(1) 棲地型態及其植生狀況會影響土壤特性。

(2) 整地工程增加地表裸露面積，提高土壤沖蝕之可能性。

(3) 山坡地開發缺乏完善的邊坡穩定措施，容易引起落石或山崩。

(4) 港灣建設需要分析沿岸流之改變、海岸沖刷淤積、漂沙數量和路徑之改變。

6. 地形：鐵、公路、大眾捷運系統、港灣工程、填海造地、土石採取、堰壩與攔水設施、遊樂區、運動場地。

7. 廢棄物：工廠、土石採取、農林漁牧、文教、醫療設施、市區開發、高樓建築、環保工程、火力發電、放射性核廢料儲存處理場、購物中心、展覽會場、殯儀館、屠宰場。

8. 生態：鐵、公路、大眾捷運系統、港灣工程、填海造地、機場、土石採取、堰壩與攔水設施、水力發電廠、越域引水、農林漁牧、遊樂區、運動場地、市區開發、環保工程、放射性核廢料儲存處理場、殯儀館、屠宰場。

9. 景觀遊憩：土石採取、廢棄物處理場、超高壓輸電線路工程、殯儀館、屠宰場。

10. 社會經濟：堰壩與攔水設施。開發單位應分析堰壩或其他攔水設施於施工期間或興建後，對上、下游集水區的居民所產生之社會、經濟、文化之正、負面影響，並針對負面影響納入環境保護對策。另對河川上、下游水道變遷、水量變化（含基流量）、地下水互補、水體涵容能力與水域生態之影響，亦應納入評估。對淹沒區內之陸域或水域，造成保育類野生動物或珍貴稀有植物之不利影響，應納入移植復育計畫等相關環境保護對策。

11. 交通：遊樂區、運動場地、市區開發、高樓建築、廢棄物處理場、購物中心、展覽會場。開發單位應預測未來假日或慶典期間所引入大量遊客及車輛，對交通運輸、停車場、用水量以及環境衛生等所造成之影響，納入環境保護對策。

12. 健康風險：超高壓輸電線路工程、放射性核廢料儲存處理場。

13. 文化：港灣工程、塡海造地、市區開發。港灣、港埠工程或塡海造地之開發，應說明各該結構物對沿岸流、漂砂、鄰近海域生態、水下文化資產以及未來之海岸地形變遷、或對河口之影響，並納入環境保護對策。

設有隔離水道者，應就相鄰之塡海造地與陸域間之各河口、浮游生物與底棲生物、沿岸流、潮汐、海岸地形變遷、沉積物流失、排水、水質交換等問題，說明其整體之負面影響，並納入環境保護對策。

在海域抽沙或浚挖航道水域者，應詳細調查水域地形及地質探查，評估對海底、水域水質、生物、漁業及水下文化資產之影響範圍與其程度，並納入環境保護對策。

環境因子和開發行爲之關係，如表 6-2 所示：

表 6-2　環境因子和開發行為關係表

	空氣	水文	水質	噪音振動	土壤、地下水	地形	廢棄物	生態	景觀遊憩	社會經濟	交通	健康風險	文化
工廠	V		V				V						
道路、鐵路、大眾捷運系統		V		V		V		V					
港灣、港埠工程或塡海造地		V	V			V		V					V
機場		V		V	V			V					
土石採取	V	V	V		V	V	V	V	V				
堰壩與攔水設施		V			V	V		V		V			
水力發電廠、越域引水		V			V			V					

	空氣	水文	水質	噪音振動	土壤、地下水	地形	廢棄物	生態	景觀遊憩	社會經濟	交通	健康風險	文化
農林漁牧		V			V		V	V					
遊樂區、運動場地						V		V			V		
文教、醫療設施							V						
市區開發		V					V	V			V		V
高樓建築	V						V				V		
環保工程	V	V	V				V	V					
廢棄物處理場	V		V	V					V		V		
火力發電	V		V				V						
超高壓輸電線路工程									V			V	
放射性核廢料儲存或處理場所	V		V	V	V		V	V				V	
購物中心、展覽會場				V			V				V		
殯儀館、屠宰場			V				V	V	V				

第七章　環境現況描述

環境現況描述需要透過環境品質現況調查作業，經過彙整、分析和探討，配合環境影響因子界定成果，針對已經界定之環境影響因子，檢討已經調查之資料是否足夠或完備，不足之處則需要更深入仔細調查，提供影響預測所需要之參數或調查數據。

7-1　說明書之環境品質現況調查

環境品質現況調查資料是環評之背景資料，作業準則提供開發行爲各個環境品質類別之調查項目、調查方法、調查地點，以及調查時間及頻率。其中，環境現況描述之類別有物理及化學類、生態、景觀及遊憩、社會經濟、交通、文化與環境衛生等 7 大類。

一、物理及化學類

（一）氣象

1. 區域氣候。
2. 地面氣象：降水量、降水日數、氣溫、相對濕度、風向、風速、颱風、蒸發量、氣壓、日照時間、日射量、全天空輻射量、雲量。

風花圖（wind rose）又稱風玫瑰圖。係於一個全方位角之圓形圖上，繪製某一地區多年統計之風向、風速及其發生頻率。臺灣位處季風（monsoon）帶上，夏季西南氣流和冬季東北季風之風向及風速差異極大，建議至少繪製這兩季之風花圖。圖 7-1 爲宜蘭蘇澳站 2023/6/1～2024/5/31 的風玫瑰圖。

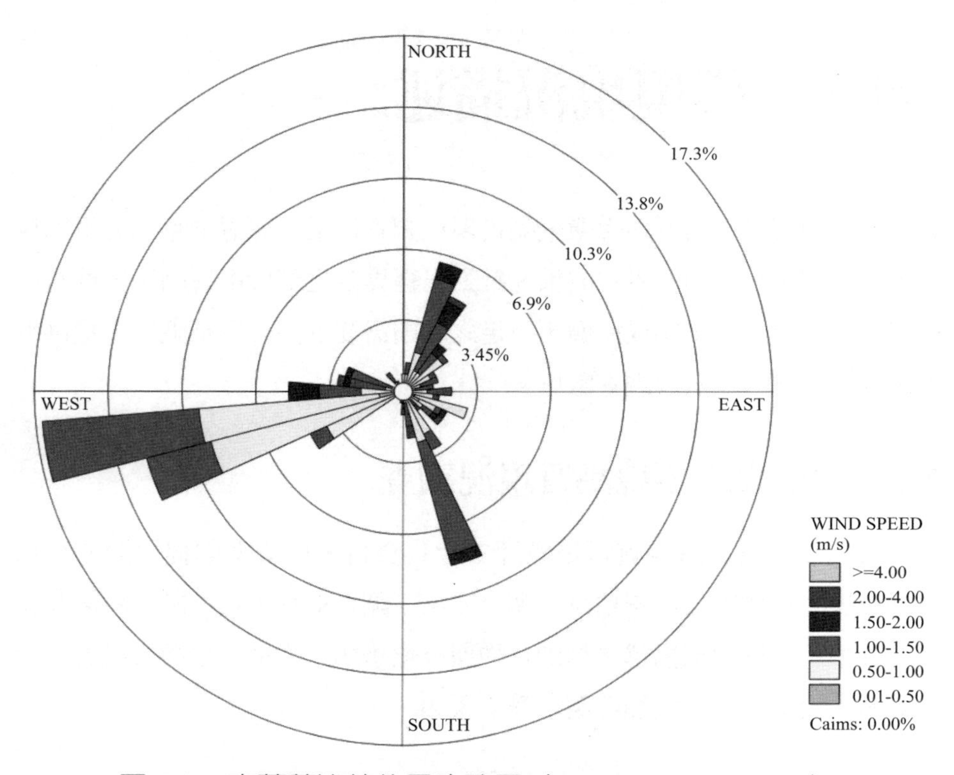

圖 7-1　宜蘭蘇澳站的風玫瑰圖（2023/6/1～2024/5/31）

3. 高空氣象（限焚化廠、資源回收廠及其他涉及高煙囪設施之開發行爲）：風向、風速、氣溫垂直分布、混合層高度。

（二）空氣品質

1. 空氣品質項目：粒狀污染物（粒徑之細懸浮微粒、粒徑之懸浮微粒、總懸浮微粒）、二氧化硫、氮氧化物（一氧化氮、二氧化氮）、一氧化碳、臭氧、鉛。
2. 空氣品質其他項目：得視區位環境或開發行爲特性測定，包含落塵量、碳氫化合物、揮發性有機物、氯化氫、氟化氫、石綿、重金屬、戴奧辛（焚化廠開發行爲）、異味等項目。
3. 現有污染源（包括固定及移動污染源）。

（三）噪音及振動

1. 噪音管制區類別。
2. 噪音及振動源（道路、鐵路、捷運、機場、車站、調車場、營建工地……）。
3. 敏感受體（學校、醫院、住宅區、精密工廠……）。
4. 背景噪音及振動位準。

（四）水文及水質

1. 河川（含灌溉水道）：
   (1) 水質項目：水溫、氫離子濃度指數、溶氧量、生化需氧量、懸浮固體、導電度、硝酸鹽氮、氨氮、總磷、大腸桿菌群、重金屬、化學需氧量。
   (2) 水質其他項目：得視區位環境或開發行爲特性測定，包含氰化物、酚類、陰離子界面活性劑、油脂、揮發性有機物、農藥等項目。
   (3) 水文項目：集水區範圍特性、地文因子、流域逕流體積、流量、流速、水位、河川輸砂量及泥砂來源、感潮界限、潮位、水庫放水狀況。
   (4) 地面水體分類。
   (5) 水體利用：水權分配、用水情形。
2. 水庫、湖泊（非位於水庫、湖泊集水區內者免調查）：
   (1) 水質項目：水溫、氫離子濃度指數、溶氧量、化學需氧量、總磷、透明度、葉綠素 a、氨氮、濁度、導電度、懸浮固體。
   (2) 水質其他項目：得視區位環境或開發行爲特性測定，包含生化需氧量（或總有機碳）、總氮、正磷酸鹽、大腸桿菌群、藻類、矽酸鹽、硫化氫、氰化物、酚類、油脂、重金屬、揮發性有機物、農藥等項目。
   (3) 水文及水理項目：水位、容積、進出水量、深度、集水區範圍特性。

3. 海域（非屬影響範圍者免調查）：

(1) 水質項目：水溫、氫離子濃度指數、溶氧量、生化需氧量、鹽度、礦物性油脂。

(2) 水質其他項目：得視區位環境或開發行為特性測定，包含大腸桿菌群、懸浮固體、葉綠素 a、重金屬、氰化物、酚類、營養鹽、總磷、揮發性有機物、農藥等項目。

(3) 海象及水文項目：潮汐、潮位、潮流、波浪。

(4) 底質項目：重金屬。

4. 地下水：

(1) 水質項目：水溫、氫離子濃度指數、生化需氧量（或總有機碳）、硫酸鹽、氨氮、導電度、氯鹽、硝酸鹽氮、溶氧、總硬度、鐵、錳、重金屬、總溶解固體物、總酚。

(2) 水質其他項目：得視區位環境或開發行為特性測定，包含懸浮固體、大腸桿菌群密度、總菌落數、油脂、氧化還原電位、單環芳香族碳氫化合物、多環芳香族碳氫化合物、氯化碳氫化合物、農藥、亞硝酸鹽氮、甲基第三丁基醚、總石油碳氫化合物、氰化物等項目。

(3) 水文及水理項目：水位、流向、目前抽用情形、含水層厚度及深度、庫床與附近水層的水力連結性。

（五）土壤

1. 銅、汞、鉛、鋅、砷、鎘、鎳、鉻之含量。
2. 氫離子濃度指數值。
3. 土壤其他項目：得視區位環境或開發行為特性測定，包含有機化合物、農藥、多氯聯苯及戴奧辛等污染物。

（六）地質及地形

1. 地形區分、分類及特殊地形。
2. 地表地質、地層分布及特殊地質。

3. 地質敏感區分類（活動斷層、地下水補注、地質遺跡、山崩與地滑等）。

（七）廢棄物

1. 廢棄物調查：種類、性質、來源、物理形態、數量、貯存、清除、處理方式。
2. 既有棄土場、廢棄物處理及處置設施調查，含設計容量、目前使用量及可擴充之容量。

二、生態

1. 陸域生態：植、動物之種類、數量、歧異度、分布、優勢種、保育種、珍貴稀有種。
2. 水域生態：植、動物之種類、數量、歧異度、分布、優勢種、保育種、珍貴稀有種。
   (1) 指標生物：浮游性植動物、附著性藻類、水生昆蟲、魚類、底棲動物。
   (2) 底棲生物、魚類之重金屬及毒性化學物質分析。
3. 特殊生態系。

三、景觀及遊憩

1. 地形景觀。
2. 地理景觀。
3. 自然現象景觀。
4. 生態景觀。
5. 人文景觀。
6. 視覺景觀。
7. 遊憩現況分析。

8. 現有觀景點。

四、社會經濟

1. 現有產業結構及人數、農漁業現況。
2. 區域內及土地利用情形（包括流域、水域）。
3. 徵收、拆遷之土地、地上物及受影響人口。
4. 實施或擬定中之都市（區域）計畫。
5. 公共設施。
6. 居民關切事項。
7. 水權及水利設施。
8. 社區及居住環境。

五、交通

1. 道路服務水準。
2. 停車場設施。
3. 道路現況說明。

六、文化

1. 有形文化資產（古蹟、歷史建築、紀念建築、聚落建築群、考古遺址、史蹟、文化景觀、古物、自然地景及自然紀念物）
2. 水下文化資產（水域範圍）。

七、環境衛生：病媒生物、蚊、蠅、蟑螂、老鼠及其他騷擾性危害性生物

表 7-1 爲開發行爲環境品質現況調查表。

表 7-1 開發行為環境品質現況調查表

類別		調查項目	調查方法	調查地點	調查時間及頻率
物理及化學	氣象	1.區域氣候。 2.地面氣象：降水量、降水日數、氣溫、相對濕度、風向、風速、颱風、蒸發量、氣壓、日照時間、日射量、全天空輻射量、雲量。 3.高空氣象（限焚化廠、資源回收廠及其他涉及高煙囪設施之開發行爲）：風向、風速、氣溫垂直分布、混合層高度。	1.既有資料蒐集：開發行爲鄰近20公里內或評估可能影響更遠範圍，引用氣候條件相似之氣象資料。 2.現地調查： (1)地面氣象項目均爲連續測定（風向應以16方位作頻率統計）。 (2)高空氣象項目：高空氣球（Pibal）觀測、繫留氣球觀測、遙測儀器觀測。	1.地面氣象：開發行爲影響範圍內至少一點，風向、風速（於地上10公尺處調查）、氣溫、濕度、日射量、輻射量（於地上1.5公尺處調查）。 2.高空氣象：開發行爲影響範圍內至少一點，高空氣球（Pibal）高至1,000公尺（每50公尺記錄一次），繫留氣球高至500公尺（每50公尺記錄一次）。	1.既有資料蒐集：引用送審前10年內之月、年平均值及極端值。但年最大降雨量或年最大小時雨量需取得最少10年資料。 2.現地調查：若無具代表性資料，則調查： (1)地面氣象觀測一年。 (2)高空氣象依季節性差異觀測二次，每次觀測一週（每日上、下午各一次）。
	空氣品質	1.空氣品質項目：粒狀污染物（粒徑≤$PM_{2.5}$之細懸浮微粒、粒徑≤PM_{10}之懸浮微粒、總懸浮微粒）、二氧化硫、氮氧化物（一氧化氮、二氧化	1.既有資料蒐集：開發行爲鄰近10公里內或評估可能影響更遠範圍，引用具代表性資料。 2.現地調查：以中央主管機關公告之檢測方	1.固定污染源：開發行爲影響範圍內至少三點（含主要上、下風處）。 2.移動污染源：沿線兩側各500公尺範圍內之代表點及沿線各	1.既有資料蒐集：引用送審前二年內具代表性資料。 2.現地調查：若無具代表性資料，則於送審前一年內： (1)空氣品質調查至

類別	調查項目	調查方法	調查地點	調查時間及頻率
	氮）、一氧化碳、臭氧、鉛。 2. 空氣品質其他項目：得視區位環境或開發行爲特性測定，包含、落塵量、碳氫化合物、揮發性有機物、氯化氫、氟化氫、石綿、重金屬、戴奧辛（焚化廠開發行爲）、異味等項目。 3. 現有污染源（包括固定及移動污染源）。	法爲之，若無則採經中央主管機關認可之方法。 3. 實地訪談或問卷調查（用於異味項目）。	10 公里一點。 3. 實地訪談（用於異味項目）：開發行爲影響範圍內，鄰近住宅區及相關敏感受體。	少三次，各測一日（連續 24 小時，不含下雨天及雨後 4 小時內）。 (2) 實地訪談（用於異味項目）調查至少一次。
噪音及振動	1. 噪音管制區類別。 2. 噪音及振動源（道路、鐵路、捷運、機場、車站、調車場、營建工地……）。 3. 敏感受體（學校、醫院、住宅區、精密工廠……）。 4. 背景噪音及振動位準。	1. 既有資料蒐集：開發行爲鄰近 1 公里內或評估可能影響更遠範圍，引用具代表性資料。 2. 現地調查：以中央主管機關公告之檢測方法爲之，若無則採經中央主管機關認可之方法。	開發行爲影響範圍內（含開發行爲鄰近 1 公里內之敏感受體、取棄土場周界及運輸道路等）。	1. 既有資料蒐集：引用送審前二年內具代表性資料。 2. 現地調查：若無具代表性資料，則於送審前一年內調查至少二次之 24 小時連續測定，如附近有遊樂區或通往遊樂區道路，須分平日與假日調查。

類別		調查項目	調查方法	調查地點	調查時間及頻率
	水文及水質	1.河川（含灌溉水道）： (1)水質項目：水溫、氫離子濃度指數、溶氧量、生化需氧量、懸浮固體、導電度、硝酸鹽氮、氨氮、總磷、大腸桿菌群、重金屬、化學需氧量。 (2)水質其他項目：得視區位環境或開發行爲特性測定，包含氰化物、酚類、陰離子界面活性劑、油脂、揮發性有機物、農藥等項目。 (3)水文項目：集水區範圍特性、地文因子、流域逕流體積、流量、流速、水位、河川	1.既有資料蒐集：開發行爲鄰近上下游5公里之流域內或評估可能影響更遠範圍，引用具代表性之監測資料。 2.現地調查：以中央主管機關公告之檢測方法爲之，若無則採經中央主管機關認可之方法。	1.水質及水質其他項目：預計放流口設置位置上游未受影響段至少一點、預計放流口設置位置至少一點、預計放流口設置位置下游10公里內或影響段內及重要取水口至少一點、河流交會口或河海交會處至少一點，但線形開發行爲與河川僅單點交叉者，則於該水體影響區調查至少一點，其他情形則沿受影響河段之上、中、下游各調查至少一點。 2.水文、地面水體分類及水體利用項目：開發行爲影響範圍內。	1.既有資料蒐集：引用送審前二年內具代表性資料。 2.現地調查：若無具代表性資料，則於送審前一年內： (1)水質及水質其他項目，調查每日一次，調查至少三次。 (2)水文項目，調查每日一次，調查至少三次。 (3)地面水體分類及水體利用項目，調查至少一次。

類別		調查項目	調查方法	調查地點	調查時間及頻率
		輸砂量及泥砂來源、感潮界限、潮位、水庫放水狀況。 (4)地面水體分類。 (5)水體利用：水權分配、用水情形。			
		2.水庫、湖泊（非位於水庫、湖泊集水區內者免調查）： (1)水質項目：水溫、氫離子濃度指數、溶氧量、化學需氧量、總磷、透明度、葉綠素a、氨氮、濁度、導電度、懸浮固體。 (2)水質其他項目：得視區位環境或開發行爲特性測定，包含生化需氧量（或總有機碳）、總氮、正	1.既有資料蒐集：開發行爲位於水庫、湖泊集水區內，引用具代表性資料。 2.現地調查：以中央主管機關公告之檢測方法爲之，若無則採經中央主管機關認可之方法。	1.水質及水質其他項目：水庫湖泊中心至少一點、計畫區預計所屬水體流入區完全混合地點至少一點、預計流出地點（如取水口）至少一點。 2.水文及水理項目：開發行爲影響範圍內。	1.既有資料蒐集：引用送審前二年內具代表性資料。 2.現地調查：若無具代表性資料，則應於送審前一年內： (1)水質及水質其他項目：調查每日一次，調查至少三次。 (2)水文及水理項目，調查每日一次，調查至少三次。

類別	調查項目	調查方法	調查地點	調查時間及頻率
	磷酸鹽、大腸桿菌群、藻類、矽酸鹽、硫化氫、氰化物、酚類、油脂、重金屬、揮發性有機物、農藥等項目。 (3)水文及水理項目：水位、容積、進出水量、深度、集水區範圍特性。			
	3.海域（非屬影響範圍者免調查）： (1)水質項目：水溫、氫離子濃度指數、溶氧量、生化需氧量、鹽度、礦物性油脂。 (2)水質其他項目：得視區位環境或開發行爲特性測定，包含大腸桿菌群、懸浮固體、	1.既有資料蒐集：開發行爲鄰近10公里之海域內或評估可能影響更遠範圍，引用具代表性資料。 2.現地調查：以中央主管機關公告之檢測方法爲之，若無則採經中央主管機關認可之方法。	1.水質及水質其他項目、底質項目：開發行爲影響範圍內至少三點，但屬填海造地者，至少六點，且測點應作合理之配置。 2.海象及水文項目：開發行爲影響範圍內。	1.既有資料蒐集：引用送審前二年內具代表性資料。 2.現地調查：若無具代表性資料，則於送審前一年內： (1)水質及水質其他項目，調查每日一次，調查至少三次。 (2)海象及水文項目，調查至少一

類別	調查項目	調查方法	調查地點	調查時間及頻率
	葉綠素a、重金屬、氰化物、酚類、營養鹽、總磷、揮發性有機物、農藥等項目。 (3)海象及水文項目：潮汐、潮位、潮流、波浪。 (4)底質項目：重金屬。			次，且現地調查至少三個月以上。 (3)底質項目，調查至少一次。
	4.地下水： (1)水質項目：水溫、氫離子濃度指數、生化需氧量（或總有機碳）、硫酸鹽、氨氮、導電度、氯鹽、硝酸鹽氮、溶氧、總硬度、鐵、錳、重金屬、總溶解固體物、總酚。 (2)水質其他項目：得視區位環境或	1.既有資料蒐集：開發行爲鄰近5公里內或評估可能影響更遠範圍，引用具代表性資料。 2.現地調查：以中央主管機關公告之檢測方法爲之，若無則採經中央主管機關認可之方法。	1.水質及水質其他項目：開發行爲鄰近五公里內或評估可能影響更遠範圍內既有水井或地質鑽孔至少二點。 2.水文及水理項目：開發行爲影響範圍內。	1.既有資料蒐集：引用送審前二年內具代表性資料。 2.現地調查：若無具代表性資料，則於送審前一年內： (1)水質及水質其他項目，調查每日一次，調查至少三次。 (2)水文及水理項目，調查每日一次，調查至少三次。

類別		調查項目	調查方法	調查地點	調查時間及頻率
		開發行爲特性測定，包含懸浮固體、大腸桿菌群密度、總菌落數、油脂、氧化還原電位、單環芳香族碳氫化合物、多環芳香族碳氫化合物、氯化碳氫化合物、農藥、亞硝酸鹽氮、甲基第三丁基醚、總石油碳氫化合物、氰化物等項目。 (3)水文及水理項目：水位、流向、目前抽用情形、含水層厚度及深度、庫床與附近水層的水力連結性。			

類別		調查項目	調查方法	調查地點	調查時間及頻率
	土壤	1.銅、汞、鉛、鋅、砷、鎘、鎳、鉻之含量。 2.氫離子濃度指數值。 3.土壤其他項目：得視區位環境或開發行爲特性測定，包含有機化合物、農藥、多氯聯苯及戴奧辛等污染物。	1.既有資料蒐集：開發行爲鄰近1公里內或評估可能影響更遠範圍，引用具代表性資料。 2.現地調查：以中央主管機關公告之檢測方法爲之，若無則採經中央主管機關認可之方法。	以開發行爲影響範圍內之表土（0～15公分）、裏土（15～30公分）爲原則，開發基地範圍包含或鄰近土壤地下水污染場址、可能污染源者，應考量最大可能污染範圍，調整採樣深度。	若無具代表性資料，則於送審前一年內調查至少一次。
	地質及地形	1.地形區分、分類及特殊地形。 2.地表地質、地層分布及特殊地質。 3.地質敏感區分類（活動斷層、地下水補注、地質遺跡、山崩與地滑等）。	1.既有資料蒐集：開發行爲鄰近1公里內或評估可能影響更遠範圍，引用具代表性之資料。 2.現地調查：如位於地質敏感區者，依地質法規定辦理。	開發行爲影響範圍內。	調查至少一次。
	廢棄物	1.廢棄物調查：種類、性質、來源、物理形態、數量、貯存、清除、處理方式。 2.既有棄土場、廢棄物處理及處置設施調	1.既有資料蒐集：開發行爲鄰近15公里或評估可能影響更遠範圍，引用具代表性資料。 2.採樣分析。	開發行爲影響範圍內，當地鄉鎮、市區，或鄰近鄉鎮、市區，或清除處理範圍。	若無具代表性資料，則於送審前一年內調查至少一次。

類別	調查項目	調查方法	調查地點	調查時間及頻率
	查，含設計容量、目前使用量及可擴充之容量。	3.訪談。 4.問卷。		
生態	1.陸域生態：植、動物之種類、數量、歧異度、分布、優勢種、保育種、珍貴稀有種。 2.水域生態：植、動物之種類、數量、歧異度、分布、優勢種、保育種、珍貴稀有種。 (1)指標生物：浮游性植動物、附著性藻類、水生昆蟲、魚類、底棲動物。 (2)底棲生物、魚類之重金屬及毒性化學物質分析。 3.特殊生態系。	1.既有資料蒐集。 2.現地調查：採經中央主管機關認可之方法。	開發行爲影響範圍內。	若無具代表性資料，則於送審前一年內調查至少二次，但調查區域具季節性之重要生態特性，如候鳥季節等，調查時間則應含括其季節性，並得於送審前二年內調查。

類別	調查項目	調查方法	調查地點	調查時間及頻率
景觀及遊憩	1.地形景觀。 2.地理景觀。 3.自然現象景觀。 4.生態景觀。 5.人文景觀。 6.視覺景觀。 7.遊憩現況分析。 8.現有觀景點。	1.既有資料蒐集。 2.現地調查。 3.實地訪談或問卷調查。	開發行爲影響範圍內。	若無具代表性資料，則於送審前一年內調查至少一次。
社會經濟	1.現有產業結構及人數、農漁業現況。 2.區域內及土地利用情形（包括流域、水域）。 3.徵收、拆遷之土地、地上物及受影響人口。 4.實施或擬定中之都市（區域）計畫。 5.公共設施。 6.居民關切事項。 7.水權及水利設施。 8.社區及居住環境。	1.既有資料蒐集。 2.實地訪談。 3.實施問卷調查：問卷視需要辦理，對象應涵蓋多層面人士。	1.開發行爲影響範圍內。 2.開發行爲當地鄉鎮、市區，或鄰近鄉鎮、市區。 3.半徑 5 公里及 10 公里之同心圓劃分 16 個扇形區內之人口分布、土地使用型態。 4.半徑 50 公里範圍內之鄉鎮市位置及人口超過一萬人之聚集點（核能電廠開發，放射性核廢料儲存處理場所興建適用）。 5.水庫淹沒區（水庫開發興建適用）。	調查至少一次。

類別	調查項目	調查方法	調查地點	調查時間及頻率
交通	1.道路服務水準。 2.停車場設施。 3.道路現況說明。	1.既有資料蒐集。 2.現地調查：可參考「交通工程手冊」、「公路容量手冊」、「放射性物質安全運送規則」。	開發行爲影響範圍內（含施工道路、運輸道路及聯外道路）。	若無具代表性資料，則於送審前一年內調查，以24小時連續測定爲原則；但因區位或開發行爲特性，得以連續16小時，並分尖離峰時段測定（在市區應分平日及假日測定，附近如有遊樂區或通往遊樂區道路，則分平日及假日測定）。
文化	1.有形文化資產（古蹟、歷史建築、紀念建築、聚落建築群、考古遺址、史蹟、文化景觀、古物、自然地景及自然紀念物）。 2.水下文化資產（水域範圍）。	1.既有資料（含文獻）蒐集。 2. 現地調查。	開發行爲影響範圍內。	若無具代表性資料，則調查至少一次。
環境衛生	病媒生物、蚊、蠅、蟑螂、老鼠及其他騷擾性危害性生物。	1.既有資料蒐集。 2.現地調查：現場病媒指數、密度調查。	開發行爲影響範圍內（包含鄰近之村里）。	若無具代表性資料，則調查至少一次。

註：1. 調查地點應以可反映目的之圖表示之，並含測點座標。
2. 摘自作業準則附表七。

7-2　海岸地區填海造地

海岸地區填海造地除了需要增列環境現況調查因子外，作業準則附表七也特別增列海岸地區填海造地需要特別調查、評估之重點。

一、增列之環境因子

海岸造地作業影響海象、輸砂、地文和水文等因子，因此，海岸地區填海造地需要增列調查項目。表 7-2 為海岸地區填海造地增列之環境因子調查。

表 7-2　海岸地區填海造地增列之環境因子調查

類別		調查項目	調查方法	調查地點	調查時間及頻率
物理及化學	海象	1.波浪：波高、波向、週期。 2.潮汐：特性、潮位、潮差、暴潮位。 3.海流、潮流及近岸流：流向、流速。 4.漂砂：漂砂來源、漂砂量、漂砂移動臨界水深、優勢方向。	1.既有資料蒐集。 2.現地調查。	計畫影響範圍（至少應包括近上、下游面主要河川各一條）。	1.至少應蒐集最近五年內之資料，並於最近一年內進行實地調查。 2.若不足五年資料，得以經認可之數值模擬推估值補充。
	輸砂	漂砂來源、漂砂量、漂砂移動臨界水深、優勢方向、粒徑分析。			

類別		調查項目	調查方法	調查地點	調查時間及頻率
	地文	1.地形地貌、海岸變化。 2.水深。 3.地質特性。 4.土壤沖蝕。 5.飛砂。 6.地盤下陷範圍及下陷量。		1.計畫範圍、附近範圍及取棄土區、包括抽砂地點（含海底等深線20公尺內之海底地形）。 2.地盤：場址處及周界半徑5公里範圍內。	既有資料蒐集，若無，則應進行一年觀測。
	水文	1.地表水。 2.地下水。 3.伏流水。		1.地表水：計畫場址所在之集水區範圍。 2.地下水：開發範圍半徑5公里範圍內可顯示水位及流向處。 3.伏流水：開發範圍半徑5公里範圍內可顯示水位及流向處。	1.地表水：計畫場址所在之集水區範圍，豐水期、枯水期至少一次。 2.地下水：既有資料蒐集至少5年，並應有最近一年內分豐水期、枯水期實測資料至少各一次。

註：1. 調查地點應以可反映目的之圖表示之，並含測點座標。
　　2. 摘自作業準則附表七。

二、應特別調查、評估之重點

海岸地區填海造地應特別調查之項目有海埔地之維護；砂源、覆土來源、海砂及河砂抽取區、沉積物流失、水質交換與海底地震及斷層等6項。表7-3爲海岸地區填海造地增列應特別調查、評估之重點。

表 7-3　海岸地區填海造地增列應特別調查、評估之重點

類別	調查項目	評估重點
物理及化學	1. 海埔地維護	海岸工程規劃時，係採用離岸式開發，或在原海埔地填海造陸，應由開發單位提出兩種方法之優劣點並比較利弊得失。
	2. 砂源、覆土來源	海岸工程建設修建後，對沿岸漂砂流動，造成何種影響；採取何種方式使上游砂源可以越過工程建設。工程建設所需覆土來源爲何？覆土採取及運輸過程之影響？
	3. 海砂及河砂抽取區	工程建設所需砂石來源爲何？若就近採沙對當地砂源平衡、海底地形、河口地形及附近範圍海岸線有何長遠影響？
	4. 沉積物流失	臺灣西南海域之工程建設，其因砂源經海底峽谷向外海流失，對附近海岸有何影響？
	5. 水質交換	工程建設對潮流、近岸流、河口水質交換之影響？
	6. 海底地震及斷層	發生海底地震、引發海嘯及土壤液化之可能影響及因應對策。

註：摘自作業準則附表七。

說明書之環境品質現況調查需要依據表 7-1、表 7-2 和表 7-3 之規定處理，亦即依據作業準則附表七進行環境品質現況調查與環境現況描述。開發單位進行環境品質現況調查時，應優先引用政府機關已公布之最新資料，或其他單位長期調查累積之具代表性資料，如不引用時，應進行現地調查，但應於表 7-4 敘明理由。同時，開發單位也可以因應區位環境或開發行爲特性，得以調整表 7-1、表 7-2 和表 7-3 等所規定之調查項目、方法、地點、時間或頻率，也同樣須於表 7-4 敘明理由。

表 7-4　環境品質現況調查明細表

類別		調查項目	章節	頁數	未引用政府機關或相關單位長期累積具代表性資料之原因（應敘明理由）	未調查之原因（應敘明理由）

註：摘自作業準則附表九。

7-3　評估書之環境品質現況調查

開發行爲進入二階環評者，則環境品質現況調查項目需要依據說明書審查結論，以及範疇界定依據個案之特殊性所提出之評估項目進行調查，再將環境品質現況調查資料加以彙整和分析成環境現況描述後，編製於評估書初稿、評估書。表 7-5 爲二階環評之開發行爲環境品質現況調查表。

表 7-5　開發行為環境品質現況調查表

環境類別	環境項目	當地環境現況描述	預備在第二階段環境影響評估進行之內容				
			調查項目	調查方法	調查地點	調查頻率	起訖時間
物理及化學	地質、地形及土壤、底質						

環境類別	環境項目	當地環境現況描述	預備在第二階段環境影響評估進行之內容				
			調查項目	調查方法	調查地點	調查頻率	起訖時間
	水文及水質						
	氣象及空氣品質（包括陸地及海上）						
	噪音						
	振動						
	異味						
	廢棄物						
	電波干擾						
	能源						

環境類別	環境項目	當地環境現況描述	預備在第二階段環境影響評估進行之內容				
			調查項目	調查方法	調查地點	調查頻率	起訖時間
	核輻射						
	核廢料						
	危害性化學物質						
	溫室氣體						
生態	陸域動物						
	陸域植物						
	水域動物						
	水域植物						
	生態系統						

環境類別	環境項目	當地環境現況描述	預備在第二階段環境影響評估進行之內容				
			調查項目	調查方法	調查地點	調查頻率	起訖時間
景觀及遊憩	景觀美質						
	遊憩						
社會經濟	土地使用						
	社會環境						
	交通						
	經濟環境						
	社會關係						
文化	文化資產						
其他							

註：摘自作業準則附表八。

自從環評政策實施以來，許多開發行為經常因為說明書之環境現況描述不夠完備，導致預測評估不夠詳實而被要求進入二階環評。建議開發業者之說明書能夠完整調查，並充分了解開發基地區位之環境品質現況，切實預測與評估環境影響因子，以減少進入二階環評之機率。

第八章　環境品質相關標準

8-1　法規

環評相關法規大略可以分綜合類、空氣品質、噪音、水體、土壤、地下水、生態、文化和氣候變遷等 8 大類，可列舉如下：

一、綜合類

1. 政府政策環境影響評估作業辦法
2. 開發行爲應實施環境影響評估細目及範圍認定標準
3. 開發行爲環境影響評估作業準則
4. 應實施環境影響評估之政策細項
5. 環境基本法
6. 環境教育法
7. 環境影響評估法

二、空氣品質

1. 交通工具空氣污染物排放標準
2. 交通工具排放標準
3. 空氣污染防制法
4. 空氣品質標準
5. 室內空氣品質管理法
6. 室內空氣品質標準
7. 移動污染源空氣污染物排放標準

三、噪音

1. 民用航空器噪音管制標準
2. 陸上運輸系統噪音管制標準
3. 陸上運輸音量標準
4. 噪音管制法
5. 噪音管制法施行細則
6. 噪音管制區劃分原則
7. 噪音管制區劃定作業準則
8. 噪音管制標準
9. 機動車輛噪音管制標準
10. 環境音量標準

四、水體

1. 水污染防治法
2. 水體分類及水質標準
3. 地面水體分類及水質標準
4. 放流水標準
5. 海洋污染防治法
6. 海洋放流水標準
7. 海洋放流管線放流水標準
8. 海洋環境品質標準
9. 海域環境分類及海洋環境品質標準
10. 飲用水水源水質標準
11. 飲用水水質標準
12. 飲用水管理條例
13. 農田灌溉排水管理辦法

五、土壤、地下水

1. 土壤及地下水污染整治法
2. 土壤污染管制標準
3. 土壤處理標準
4. 地下水污染管制標準
5. 地面水體分類及水質標準

六、生態

1. 自然保護區設置管理辦法
2. 海岸管理法
3. 野生動物保育法
4. 漁業法

七、文化

1. 文化基本法
2. 文化景觀登錄及廢止審查辦法
3. 文化資產保存法
4. 水下文化資產保存法
5. 古物分級指定及廢止審查辦法
6. 古物分級登錄指定及廢止審查辦法
7. 古蹟指定及廢止審查辦法
8. 史蹟登錄及廢止審查辦法
9. 考古遺址指定及廢止審查辦法
10. 海域自然地景與自然紀念物指定及廢止審查辦法
11. 陸域自然地景與自然紀念物指定及廢止審查辦法
12. 聚落建築群登錄廢止審查及輔助辦法

13. 暫定古蹟條件及程序辦法
14. 歷史建築紀念建築登錄廢止審查及輔助辦法
15. 遺址指定及廢止審查辦法

八、氣候變遷

1. 氣候變遷因應法
2. 氣候變遷法施行細則
3. 健康風險評估技術規範

環評相關法規整理如表 8-1 所示：

表 8-1 環評相關法規

類別	法規名稱	修正日期
綜合類	政府政策環境影響評估作業辦法	950407
	開發行為應實施環境影響評估細目及範圍認定標準	1120322
	開發行為環境影響評估作業準則	1100202
	應實施環境影響評估之政策細項	1011017
	環境基本法	911211
	環境教育法	1061129
	環境影響評估法	1120503
空氣品質	交通工具空氣污染物排放標準	990331
	交通工具排放標準	981029
	空氣污染防制法	1070801
	空氣品質標準	1090918
	室內空氣品質管理法	1001123
	室內空氣品質標準	1011123
	移動污染源空氣污染物排放標準	1120630

類別	法規名稱	修正日期
噪音	民用航空器噪音管制標準	980716
	陸上運輸系統噪音管制標準	1020911
	陸上運輸音量標準	990121
	噪音管制法	1100120
	噪音管制法施行細則	990311
	噪音管制區劃分原則	980904
	噪音管制區劃定作業準則	1090805
	噪音管制標準	1020805
	機動車輛噪音管制標準	1091201
	環境音量標準	990121
水體	水污染防治法	1070613
	水體分類及水質標準	870624
	地面水體分類及水質標準	1060913
	放流水標準	1080429
	海洋污染防治法	1120531
	海洋放流水標準	921217
	海洋放流管線放流水標準	1061020
	海洋環境品質標準	901226
	海域環境分類及海洋環境品質標準	1130425
	飲用水水源水質標準	860924
	飲用水水質標準	1110523
	飲用水管理條例	950127
	農田灌溉排水管理辦法	1101223
土壤、地下水	土壤及地下水污染整治法	990203
	土壤污染管制標準	1000131
	土壤處理標準	951016

類別	法規名稱	修正日期
	地下水污染管制標準	1021218
	地面水體分類及水質標準	1060913
生態	自然保護區設置管理辦法	1041123
	海岸管理法	1040204
	野生動物保育法	1020123
	漁業法	1071226
文化	文化基本法	1080605
	文化景觀登錄及廢止審查辦法	1080816
	文化資產保存法	1121129
	水下文化資產保存法	1111130
	古物分級指定及廢止審查辦法	1080823
	古物分級登錄指定及廢止審查辦法	941230
	古蹟指定及廢止審查辦法	1081212
	史蹟登錄及廢止審查辦法	1080816
	考古遺址指定及廢止審查辦法	1110316
	海域自然地景與自然紀念物指定及廢止審查辦法	1100722
	陸域自然地景與自然紀念物指定及廢止審查辦法	1101207
	聚落建築群登錄廢止審查及輔助辦法	1080816
	暫定古蹟條件及程序辦法	1060727
	歷史建築紀念建築登錄廢止審查及輔助辦法	1101123
	遺址指定及廢止審查辦法	941230
氣候變遷	氣候變遷因應法	1120215
	氣候變遷法施行細則	1121229
	健康風險評估技術規範	1000720

8-2　環境品質分類

一、空氣品質

空氣污染防制區分三級，其定義分別如下：

表 8-2　空氣污染防制區

類別	定義
一級	國家公園及自然保護（育）區等依法劃定之區域
二級	一級防制區外，符合空氣品質標準之區域
三級	一級防制區外，未符合空氣品質標準之區域

註：摘自空氣污染防制法第 5 條。

室內、外空氣品質標準中，室內 24 小時之 PM_{10} 值低於室外；24 小時之 $PM_{2.5}$、CO 和 8 小時平均 O_3 都具有相同之標準值。

表 8-3　室內、外空氣品質標準

<table>
<tr><th>項目</th><th>單位</th><th>標準值</th><th>室外</th><th>室內</th></tr>
<tr><td rowspan="2">PM_{10}</td><td rowspan="2">μg/m³</td><td>日平均值或 24 小時值</td><td>100</td><td>75</td></tr>
<tr><td>年平均值</td><td>50</td><td>–</td></tr>
<tr><td rowspan="2">$PM_{2.5}$</td><td rowspan="2">μg/m³</td><td>24 小時值</td><td colspan="2">35</td></tr>
<tr><td>年平均值</td><td>15</td><td>–</td></tr>
<tr><td rowspan="2">一氧化碳（CO）</td><td rowspan="2">ppm</td><td>小時平均值</td><td>35</td><td>–</td></tr>
<tr><td>8 小時平均值</td><td colspan="2">9</td></tr>
<tr><td rowspan="2">臭氧（O_3）</td><td rowspan="2">ppm</td><td>小時平均值</td><td>0.12</td><td>–</td></tr>
<tr><td>8 小時平均值</td><td colspan="2">0.06</td></tr>
<tr><td rowspan="2">二氧化硫（SO_2）</td><td rowspan="2">ppm</td><td>小時平均值</td><td>0.075</td><td>–</td></tr>
<tr><td>年平均值</td><td>0.02</td><td>–</td></tr>
</table>

項目	單位	標準值	室外	室內
二氧化氮（NO_2）	ppm	小時平均值	0.1	–
		年平均值	0.03	–
鉛（Pb）	μg/m^3	3 個月移動平均值	0.15	–
二氧化碳（CO_2）	ppm	8 小時值	–	1,000
甲醛（HCHO）	ppm	1 小時值	–	0.08
總揮發性有機化合物（TVOC）	ppm	1 小時值	–	0.56
細菌	CFU/m^3	最高值	–	1,500
眞菌	CFU/m^3	最高值	–	1,000*

註：整理自空氣品質標準第 2、3 條。

*：眞菌濃度室內外比值，室內眞菌濃度除以室外眞菌濃度之比值 ≤1.3 者，不在此限。

二、噪音

噪音管制區劃定作業準則（109.08.05）依據土地使用現況、行政區域、地形地物與人口分布，區分 4 類噪音管制區。直轄市、縣市政府依據這 4 類管制區，再依實施都市計畫和區域計畫地區予以細分如下：

表 8-4　噪音管制區

區別	土地使用	都市計畫地區	區域計畫地區
第一類	環境亟需安寧之地區	風景區、保護區	丙種建築用地、生態保護用地、國土保安用地
第二類	供住宅使用爲主且需要安寧之地區	文教區、學校用地、行政區、農業區、水岸發展區	甲種建築用地、林業用地、農牧用地

區別	土地使用	都市計畫地區	區域計畫地區
第三類	以住宅使用爲主，但混合商業或工業等使用，且需維護其住宅安寧之地區	商業區、漁業區	乙種建築用地、水利用地、遊憩用地
第四類	供工業或交通使用爲主，且需防止噪音影響附近住宅安寧之地區	工業區、倉庫區	丁種建築用地、礦業用地、窯業用地、墳墓用地、養殖用地、鹽業用地、交通用地

（一）時段定義

於各類管制區內，日間、晚間和夜間都有音量標準值之規定。目前噪音管制區劃定作業準則（109.08.05）和噪音管制標準（102.08.05）對於這3個時段定義有些不同。其差異如表 8-5 所示。

表 8-5　噪音管制時段定義

<table>
<tr><th>時段</th><th colspan="2">日間</th><th colspan="2">晚間</th><th colspan="2">夜間</th></tr>
<tr><th>類別</th><th>第一、二類</th><th>第三、四類</th><th>第一、二類</th><th>第三、四類</th><th>第一、二類</th><th>第三、四類</th></tr>
<tr><td>噪音管制區劃定作業準則（109.08.05）</td><td>上午6時至晚上8時</td><td>上午7時至晚上8時</td><td>晚上8時至晚上10時</td><td>晚上8時至晚上11時</td><td>晚上10時至翌日上午6時</td><td rowspan="2">晚上11時至翌日上午7時</td></tr>
<tr><td>噪音管制標準（102.08.05）</td><td colspan="2">上午7時至晚上7時</td><td>晚上7時至晚上10時</td><td>晚上7時至晚上11時</td><td>晚上10時至翌日上午7時</td></tr>
</table>

（二）均能音量

均能音量係指特定時段內所測得音量之能量平均值。其中，噪音管制標準將 20Hz～20kHz 之均能音量以 L_{eq} 表示；20Hz～200Hz 之均能音量以 $L_{eq}\,LF$ 表示。噪音管制區劃定作業準則不考慮音頻差異，全部以 L_{eq} 表示。

其公式如下：

1. 20Hz～20kHz 之均能音量以 L_{eq} 表示；

$$L_{eq}=10\log\frac{1}{T}\int_0^T\left(\frac{P_t}{P_0}\right)^2dt$$

式中，T：測量時間，單位為秒。P_t：測量音壓，單位為巴斯噶（Pa）。P_0：基準音壓為 20μPa。

2. 20Hz～200Hz 之均能音量以 $L_{eq,LF}$ 表示：

$$L_{eq,LF}=10\times\log\sum_{n=20\text{Hz}}^{200\text{Hz}}10^{0.1\times L_{eq,n}}$$

式中，$L_{eq,n}$：以 1/3 八音度頻帶濾波器測得之各 1/3 八音度頻帶均能音量。n：20 Hz 至 200 Hz 之 1/3 八音度頻帶中心頻率。

3. 道路系統小時均能音量：特定時段內一小時所測得道路系統交通噪音之能量平均值，以 L_{eq},1h 表示；

$$L_{eq},1h=10\log\frac{1}{T}\int_0^T\left(\frac{P_t}{P_0}\right)^2dt$$

4. 軌道系統小時均能音量：特定時段內一小時所測得軌道系統交通噪音之能量平均值，以 L_{eq},1h 表示；

$$L_{eq},1h=10\log\left[\frac{1}{3600}\sum_{i=1}^{N}10^{\frac{L_p,T(i)}{10}}\right]$$

式中，N：一小時內通過測量地點之軌道機車車輛事件數。

L_p, T：軌道機車車輛通過測量地點事件於事件歷時時間 T 內，所測得軌道系統交通噪音之事件音量，其公式如下：

$$L_p,T=10\log\int_{T_1}^{T_2}\left(\frac{P_t}{P_0}\right)^2dt$$

式中，T_1：低於軌道機車車輛前端通過測量地點時整體音量 10 分貝之時間點；T_2：低於軌道機車車輛尾端通過測量地點時整體音量 10 分貝之時間點。

5. 軌道系統平均最大音量：一小時內所測得軌道機車車輛各事件交通噪音最大音量之能量平均值，以 $L_{max, mean}$, $1h$ 表示；

$$L_{max, mean}, 1h = 10\log\left[\frac{1}{N}\sum_{i=1}^{N} 10^{\frac{L_{pmax}(i)}{10}}\right]$$

式中，L_{pmax}：軌道機車車輛各事件交通噪音 A 加權測定之最大音量。
N：一小時內通過測量地點之軌道機車車輛事件數。

6. 背景音量：測量音源以外之音量。
7. 複合音量：測量地點之音量係由兩個以上之設施所產生且合成之音量。
8. 單一航空噪音事件：以噪音計蒐集到單一航空噪音之有效時間及音量之過程。
9. 航空噪音日夜音量，*Ldn*（Day-Night Average Sourd Level, DNL）：由午夜至翌日午夜之 24 小時平均音量，用來評估航空噪音量之指標。
10. 最大音量，LA_{max}：單一航空噪音事件所測得音量之最大值。
11. 等噪音線：將全年飛航資料，輸入美國航空總署發展之航空噪音整合模式（Integrated Noise Model, INM）所繪之封閉曲線。

（三）不同場所之音量管制

1. 一般地區

表 8-6　一般地區之音量標準值

時段 / 音量 / 管制區	均能音量		
	日間	晚間	夜間
第一類	55	50	45
第二類	60	55	50
第三類	65	60	55
第四類	75	70	65

註：摘自噪音管制區劃定作業準則第 6 條。

2. 娛樂場所、工廠和營建工程

(1) 均能音量

表 8-7　娛樂場所、工廠和營建工程噪音管制標準值，L_{eq} 或 $L_{eq,LF}$

<table>
<tr><th rowspan="2">場所</th><th rowspan="2">頻率 / 時段 / 管制區</th><th colspan="3">20 Hz 至 200 Hz</th><th colspan="3">20 Hz 至 20 kHz</th></tr>
<tr><th>日間</th><th>晚間</th><th>夜間</th><th>日間</th><th>晚間</th><th>夜間</th></tr>
<tr><td>娛樂場所</td><td rowspan="3">第一類</td><td colspan="2">32</td><td>27</td><td>55</td><td>50</td><td rowspan="2">40</td></tr>
<tr><td>工廠</td><td colspan="2">39</td><td>36</td><td>50</td><td>45</td></tr>
<tr><td>營建工程</td><td colspan="2">44</td><td>39</td><td>67</td><td>47</td><td>47</td></tr>
<tr><td>娛樂場所</td><td rowspan="3">第二類</td><td>37</td><td>32</td><td>27</td><td rowspan="2">57</td><td rowspan="2">52</td><td rowspan="3">47</td></tr>
<tr><td>工廠</td><td colspan="2">39</td><td>36</td></tr>
<tr><td>營建工程</td><td colspan="2">44</td><td>39</td><td>67</td><td>57</td></tr>
<tr><td>娛樂場所</td><td rowspan="3">第三類</td><td colspan="2">37</td><td>32</td><td rowspan="2">67</td><td rowspan="2">57</td><td>52</td></tr>
<tr><td>工廠</td><td colspan="2">44</td><td>41</td><td>57</td></tr>
<tr><td>營建工程</td><td colspan="2">46</td><td>41</td><td>72</td><td>67</td><td>62</td></tr>
<tr><td>娛樂場所</td><td rowspan="3">第四類</td><td colspan="2">40</td><td>35</td><td rowspan="3">80</td><td rowspan="3">70</td><td rowspan="3">65</td></tr>
<tr><td>工廠</td><td colspan="2">47</td><td>44</td></tr>
<tr><td>營建工程</td><td colspan="2">49</td><td>44</td></tr>
</table>

註：整理自噪音管制標準第 4、5、6 條。

(2) 最大音量

表 8-8　營建工程最大音量，L_{max}

<table>
<tr><th rowspan="2">頻率 / 時段 / 管制區</th><th colspan="3">均能音量</th></tr>
<tr><th>日間</th><th>晚間</th><th>夜間</th></tr>
<tr><td>第一、二類</td><td>100</td><td>80</td><td>70</td></tr>
<tr><td>第三、四類</td><td>100</td><td>85</td><td>75</td></tr>
</table>

3. 擴音設施

擴音設施之噪音管制標準值大致上都較娛樂場所、工廠、營建工程高，夜間除了第四類更低外，和 20 Hz 至 20 kHz 頻率之娛樂場所同樣音量標準。

表 8-9　擴音設施噪音管制標準值

管制區＼時段	日間	晚間	夜間
第一類	57	47	40
第二類	72	57	47
第三類	77	62	52
第四類	82	72	62

註：摘自噪音管制標準第 7 條。

4. 其他場所與風力發電機組設施

其他場所與風力發電機組設施在 20 Hz 至 200 Hz 頻率範圍內之音量標準值都較一般地區低；20 Hz 至 20 kHz 範圍之非風機其他場所之音量標準值都低於或等於一般地區之音量標準值。

表 8-10　其他場所與風力發電機組設施之噪音管制標準值

<table>
<tr><th rowspan="2">類別</th><th rowspan="2">頻率／時段／管制區</th><th colspan="3">20 Hz 至 200 Hz</th><th colspan="3">20 Hz 至 20 kHz</th></tr>
<tr><th>日間</th><th>晚間</th><th>夜間</th><th>日間</th><th>晚間</th><th>夜間</th></tr>
<tr><td rowspan="4">非風機</td><td>第一類</td><td colspan="2">32</td><td>27</td><td>55</td><td>50</td><td>35</td></tr>
<tr><td>第二類</td><td>37</td><td>32</td><td>27</td><td>57</td><td>52</td><td>42</td></tr>
<tr><td>第三類</td><td colspan="2">37</td><td>32</td><td>67</td><td>57</td><td>47</td></tr>
<tr><td>第四類</td><td colspan="2">40</td><td>35</td><td>80</td><td>70</td><td>60</td></tr>
<tr><td rowspan="4">風機</td><td>第一類</td><td colspan="2">39</td><td>36</td><td colspan="2" rowspan="4">50 或 < 背景音量 + 5</td><td rowspan="4">40 或 < 背景音量 + 5</td></tr>
<tr><td>第二類</td><td colspan="2">39</td><td>36</td></tr>
<tr><td>第三類</td><td colspan="2">44</td><td>41</td></tr>
<tr><td>第四類</td><td colspan="2">47</td><td>44</td></tr>
</table>

註：整理自噪音管制標準第 8 條。

5. 快速道路與高速公路

快速道路除了第三、四類之夜間小時均能音量，$L_{eq,1h}$，較高速公路低 1 分貝外，其餘類別各時段之音量標準都相同。

表 8-11 快速道路與高速公路交通噪音管制標準

<table>
<tr><th>類別</th><th>時段
管制區</th><th>早、晚</th><th>日間</th><th>夜間</th></tr>
<tr><td>快速道路</td><td rowspan="2">第一、二類</td><td rowspan="2">70</td><td rowspan="2">74</td><td rowspan="2">67</td></tr>
<tr><td>高速公路</td></tr>
<tr><td>快速道路</td><td rowspan="2">第三、四類</td><td rowspan="2">75</td><td rowspan="2">76</td><td>72</td></tr>
<tr><td>高速公路</td><td>73</td></tr>
</table>

註：整理自陸上運輸系統噪音管制標準第 4、5 條。

6. 一般鐵路、高速鐵路和大衆捷運系統

一般鐵路各時段之小時均能音量，$L_{eq,1h}$，都高於或等於高速鐵路和大眾捷運系統；3 類之平均最大音量都相同。另外，高速鐵路和大眾捷運系統在不同類別各時段都具有同樣之小時均能音量標準。

表 8-12 一般鐵路、高速鐵路和大衆捷運噪音管制標準值

<table>
<tr><th>類別</th><th>時段
管制區</th><th>早、晚</th><th>日間</th><th>夜間</th><th>平均最大音量
$L_{max,mean}$</th></tr>
<tr><td>高速鐵路</td><td rowspan="3">第一、二類</td><td rowspan="2">65</td><td rowspan="2">70</td><td rowspan="2">60</td><td rowspan="3">80</td></tr>
<tr><td>大眾捷運</td></tr>
<tr><td>一般鐵路</td><td>73</td><td>73</td><td>70</td></tr>
<tr><td>高速鐵路</td><td rowspan="3">第三、四類</td><td rowspan="2">70</td><td rowspan="3">75</td><td rowspan="2">65</td><td rowspan="3">85</td></tr>
<tr><td>大眾捷運</td></tr>
<tr><td>一般鐵路</td><td>75</td><td>70</td></tr>
</table>

註：整理自陸上運輸系統噪音管制標準第 6、7、8 條。

7. 航空噪音防制區

航空噪音防制區分爲三級，其日夜音量標準如表 8-13 所示。

表 8-13　航空噪音防制區

機種 / 防制區	噴射飛機及螺旋槳飛機	直昇機
第一級	60～65	52～57
第二級	65～75	57～67
第三級	＞75	＞67

註：摘自機場周圍地區航空噪音防制辦法第 4 條。

三、水體

（一）分類

1. 地面水體

地面水體主要分公共用水、水產用水和工業用水等 3 大類。其中，公共用水分 3 級，水產用水和工業用水各分 2 級。

表 8-14　地面水體分類

類別		定義
公共用水	一級	指經消毒處理即可供公共給水之水源
	二級	指需經混凝、沉澱、過濾、消毒等一般通用之淨水方法處理可供公共給水之水源
	三級	指經活性碳吸附、離子交換、逆滲透等特殊或高度處理可供公共給水之水源
水產用水	一級	在陸域地面水體，指可供鱒魚、香魚及鱸魚培養用水之水源；在海域水體，指可供嘉鱲魚及紫菜類培養用水之水源

類別		定義
	二級	在陸域地面水體，指可供鰱魚、草魚及貝類培養用水之水源；在海域水體，指可供虱目魚、烏魚及龍鬚菜培養用水之水源
工業用水	一級	指可供製造用水之水源
	二級	指可供冷卻用水之水源

註：摘自地面水體分類及水質標準第 2 條。

地面水體適用性可以分陸域地面水體和海域地面水體兩大類。其中，陸域地面水體分 5 級，海域地面水體分 3 級。

表 8-15　水體適用性

類別		適用性質
陸域地面水體	甲類	適用於一級公共用水、游泳、乙類、丙類、丁類及戊類
	乙類	適用於二級公共用水、一級水產用水、丙類、丁類及戊類
	丙類	適用於三級公共用水、二級水產用水、一級工業用水、丁類及戊類
	丁類	適用於灌溉用水、二級工業用水及環境保育
	戊類	適用環境保育
海域地面水體	甲類	適用於一級水產用水、游泳、乙類及丙類
	乙類	適用於二級水產用水、二級工業用水及環境保育
	丙類	適用於環境保育

註：地面水體分類及水質標準第 4 條。

2. 海域水體

海域水體分水產用水和工業用水兩大類。其中，水產用水又可細分 2 級。

表 8-16　海域水體分類

類別		定義
水產用水	一級	指可供嘉鱲魚及紫菜類培養用水之水源
	二級	指可供虱目魚、烏魚、龍鬚菜及其他食用海藻培養用水之水源
工業用水		指可供冷卻用水之水源

註：摘自海域環境分類及海洋環境品質標準第 2 條。

海域環境分 3 大類，如表 8-17 所示。

表 8-17　海域環境分類

類別	適用性質
甲類	適用於一級水產用水、二級水產用水、工業用水、游泳及環境保育
乙類	適用於二級水產用水、工業用水及環境保育
丙類	適用於環境保育

註：摘自海域環境分類及海洋環境品質標準第 3 條。

（二）水質標準

1. 總揮發性有機化合物

總揮發性有機化合物（Total Volatile Organic Compounds, TVOC）包含苯、四氯化碳、氯仿（三氯甲烷）、1,2- 二氯苯、1,4- 二氯苯、二氯甲烷、乙苯、苯乙烯、四氯乙烯、三氯乙烯、甲苯、二甲苯（對、間、鄰）等 12 種揮發性有機物之總和。列舉如下：

表 8-18　總揮發性有機化合物

揮發性有機化合物	英文名稱
苯	Benzene
四氯化碳	Carbontetrachloride

揮發性有機化合物	英文名稱
氯仿（三氯甲烷）	Chloroform
1,2- 二氯苯	1,2-Dichlorobenzene
1,4- 二氯苯	1,4-Dichloroben-zene
二氯甲烷	Dichloromethane
乙苯	EthylBenzene
苯乙烯	Styrene
四氯乙烯	Tetrachloroethylene
三氯乙烯	Trichloroethylene
甲苯	Toluene
二甲苯（對、間、鄰）	Xylenes

註：摘自室內空氣品質標準第 3 條。

2. 地面水、地下水、自設飲用水源和飲用水

(1) 有機化合物

4 類水體之四氯化碳、1,4- 二氯苯、1,1- 二氯乙烯和氰化物都有相同之標準值。飲用水之基準值小於或等於自設飲用水源水質之標準值。

表 8-19　地面水等 4 類水體之有機化合物管制標準值

項目	地面水	地下水	自設飲用水源	飲用水	英文名稱
單環芳香族碳氫化合物					
苯	0.01	0.005			Benzene
甲苯	0.7	1	–	0.7	Toluene
乙苯	–	0.7	–	–	Ethylbenzene
二甲苯	–	10	–	–	Xylenes
多環芳香族碳氫化合物					
萘	–	0.04	–	–	Naphthalene

項目	地面水	地下水	自設飲用水源	飲用水	英文名稱
氯化碳氫化合物					
四氯化碳	0.005				Carbon tetrachloride
氯苯	–	0.1	–	–	Chlorobenzene
氯仿	–	0.1	–	0.5	Chloroform
氯甲烷	–	0.03	–	–	Chloromethane
1,4- 二氯苯	–	0.075			1,4-Dichlorobenzene
1,1- 二氯乙烷	–	0.85	–	–	1,1-Dichloroethane
1,2- 二氯乙烷	0.01	0.005			1,2-Dichloroethane
1,1- 二氯乙烯	–	0.007			1,1-Dichloroethylene
順 -1,2- 二氯乙烯	–	0.07	–	0.07	cis-1,2-Dichloroethylene
反 -1,2- 二氯乙烯	–	0.1	–	0.1	trans-1,2-Dichloroethylene
2,4,5- 三氯酚	–	0.37	–	–	2,4,5-Trichlorophenol
2,4,6- 三氯酚	–	0.01	–	–	2,4,6-Trichlorophenol
五氯酚	–	0.008	–	–	Pentachlorophenol
四氯乙烯	–	0.005	–	0.005	Tetrachloroethylene
三氯乙烯	0.01	0.005			Trichloroethylene
氯乙烯	–	0.002	0.002	0.0003	Vinyl chloride
二氯甲烷	0.02	0.005	–	0.02	Dichloromethane
1,1,2- 三氯乙烷	–	0.005	–	–	1,1,2-Trichloroethane
1,1,1- 三氯乙烷	1	0.2	0.2	0.2	1,1,1-Trichloroethane
1,2- 二氯苯	–	0.6	–	0.6	1,2-Dichlorobenzene
3,3'- 二氯聯苯胺	–	0.01	–	–	3,3'-Dichlorobenzidine

項目	地面水	地下水	自設飲用水源	飲用水	英文名稱
氰化物	0.05				Cyanide as CN-
一般項目					
硝酸鹽氮	–	10	10	–	Nitrate as N
亞硝酸鹽氮	–	1	0.1	0.1	Nitrite as N
氟鹽	–	0.8	0.8	–	Fluoride as F-
其他污染物					
甲基第三丁基醚	–	0.1	–	–	Methyl tert-butyl ether, MTBE
總石油碳氫化合物	–	1	–	–	Total Petroleum Hydrocarbons, TPH
氯鹽	–	–	250	–	Chloride as Cl-
硫酸鹽	–	–	250	–	Sulfate as SO4 2-
酚類	–	–	0.001	–	Phenols
總溶解固體量	–	–	500	–	Total Dissolved Solids
陰離子界面活性劑	–	–	0.5	–	MBAS
飲用水消毒副產物					
總三鹵甲烷	–	–	0.1	0.08	Total Trihalomethanes
鹵乙酸類	–	–	–	0.06	Haloacetic acids
溴酸鹽	–	–	–	0.01	Bromate
亞氯酸鹽	–	–	–	0.7	Chlorite
持久性有機化合物					
戴奧辛	–	–	–	3	Dioxins

註：整理自地面水體分類及水質標準附表二、地下水污染管制標準第4條、飲用水水源水質標準第6條、飲用水水質標準第3條。

(2) 農藥

飲用水之農藥標準值小於或等於自設飲用水源之基準值。需要注意的是：雖然地下水之 2,4- 地和高利松之管制標準值和飲用水一樣；但是自設飲用水水源標準卻高於地下水，而自設飲用水源和飲用水之其餘農藥項目都小於或等於地面水和地下水。

表 8-20　地面水等 4 類水體之農藥管制標準值

項目	地面水	地下水	自設飲用水源	飲用水	英文名稱
安特靈	0.0002	–	–	–	Endrin
靈丹	0.004	–	0.004	0.0002	Lindane
毒殺芬	0.005	0.003	–	–	Toxaphene
安殺番	0.003	–	0.003	0.003	Endosulfan
飛佈達及其衍生物	0.001	–	–	–	Heptachlor, Heptachlor epoxide
滴滴涕及其衍生物	0.001	–	–	–	4,4'-Dichlorodiphenyl-triichloroethane (DDT), DDD, DDE
阿特靈（含地特靈）	0.003	–	–	–	Aldrin
五氯酚及其鹽類	0.005	–	–	–	Pentachlorophenol
可氯丹	–	0.002	–	–	Chlordane
除草劑	0.1	–	–	–	–
丁基拉草	–	–	0.02	0.02	Butachlor
巴拉刈	–	0.03	0.01	0.01	Paraquat
2,4- 地	–	0.07	0.1	0.07	2,4-D
有機磷劑及氨基甲酸鹽總量	0.1	–	–	–	–
巴拉松	–	0.022	0.02	0.02	Parathion
大利松	–	0.005	0.02	0.005	Diazinon

項目	地面水	地下水	自設飲用水源	飲用水	英文名稱
達馬松	–	0.02	0.02	0.02	Methamidophos
亞素靈	–	–	0.01	0.003	Monocrotophos
一品松	–	–	0.005	0.005	EPN
陶斯松	–	–	–	–	Chlorpyrifos
氨基甲酸鹽					
滅必蝨	–	–	0.02	0.02	Isoprocarb
加保扶	–	0.04	0.02	0.02	Carbofuran
納乃得	–	–	0.01	0.01	Methomyl
其他物質					
酚類	0.005	–	–	–	Phenols

註：整理自地面水體分類及水質標準附表二、地下水污染管制標準第 4 條、飲用水水源水質標準第 6 條、飲用水水質標準第 3 條。

(3) 其他水質項目

飲用水除了大腸桿菌群和臭度兩項目，與自設飲用水源一樣外，其餘項目都低於自設飲用水源之標準值。需要注意的是：飲用水水源之大腸桿菌群之標準值竟然高於陸域和海域之地面水。

表 8-21　地面水等 4 類水體之其他水質項目標準值

項目	地面水		飲用水水源	自設飲用水源	飲用水	英文名稱
	陸域	海域				
氫離子濃度指數	6.5～8.5	7.5～8.5	–	–	–	pH
溶氧量	> 6.5	> 5	–	–	–	DO
生化需氧量	< 1	< 2	–	–	–	BOD
懸浮固體	< 25	–	–	–	–	SS
大腸桿菌群	< 50	< 1000	20,000	6		Coliform Group

<table>
<tr><th rowspan="2">項目</th><th colspan="2">地面水</th><th rowspan="2">飲用水水源</th><th rowspan="2">自設飲用水源</th><th rowspan="2">飲用水</th><th rowspan="2">英文名稱</th></tr>
<tr><th>陸域</th><th>海域</th></tr>
<tr><td>氨氮</td><td>< 0.1</td><td>–</td><td>1</td><td>0.1</td><td>–</td><td>NH_3-N</td></tr>
<tr><td>總磷</td><td>< 0.02</td><td>–</td><td>–</td><td>–</td><td>–</td><td>TP</td></tr>
<tr><td>化學需氧量</td><td>–</td><td>–</td><td>25</td><td>–</td><td>–</td><td>COD</td></tr>
<tr><td>總有機碳</td><td>–</td><td>–</td><td>4</td><td>–</td><td>–</td><td>TOC</td></tr>
<tr><td>總菌落數</td><td>–</td><td>–</td><td>–</td><td>–</td><td>100</td><td>Total Bacterial Count</td></tr>
<tr><td>臭度</td><td>–</td><td>–</td><td>–</td><td colspan="2">3</td><td>Odor</td></tr>
<tr><td>濁度</td><td>–</td><td>–</td><td>–</td><td>4</td><td>2</td><td>Turbidity</td></tr>
<tr><td>色度</td><td>–</td><td>–</td><td>–</td><td>15</td><td>5</td><td>Color</td></tr>
</table>

註：整理自地面水體分類及水質標準附表一、飲用水水源水質標準第 5、6 條、飲用水水質標準第 3 條。

(4) 重金屬

飲用水之重金屬都低於或等於飲用水源或自設飲用水源之管制標準值，地面水之重金屬是低於或等於地下水之管制標準值，土壤之重金屬管制標準值則是遠高於五類水體。

表 8-22　土壤與地面水等 5 類水體之重金屬管制標準值

<table>
<tr><th>項目</th><th>土壤</th><th>地面水</th><th>地下水</th><th>飲用水水源</th><th>自設飲用水源</th><th>飲用水</th><th>英文簡寫</th></tr>
<tr><td>砷</td><td>60</td><td colspan="4">0.05</td><td>0.01</td><td>As</td></tr>
<tr><td>鎘</td><td>20</td><td colspan="2">0.005</td><td>0.01</td><td colspan="2">0.005</td><td>Cd</td></tr>
<tr><td>鉻</td><td>250</td><td colspan="5">0.05</td><td>Cr</td></tr>
<tr><td>銅</td><td>400</td><td>0.03</td><td>1</td><td>–</td><td>1</td><td>–</td><td>Cu</td></tr>
<tr><td>汞</td><td>20</td><td>0.001</td><td>0.002</td><td colspan="2">0.002</td><td>0.001</td><td>Hg</td></tr>
<tr><td>鎳</td><td>200</td><td colspan="2">0.1</td><td>–</td><td>0.1</td><td>0.02</td><td>Ni</td></tr>
<tr><td>鉛</td><td>2,000</td><td colspan="2">0.01</td><td colspan="2">0.05</td><td>0.01</td><td>Pb</td></tr>
</table>

項目	土壤	地面水	地下水	飲用水水源	自設飲用水源	飲用水	英文簡寫
鋅	2,000	0.5	5	–	5	–	Zn
銦	–	–	0.07	–	–	–	In
鉬	–	–	0.07	–	–	–	Mo
銀	–	0.05	–	–	0.05	–	Ag
錳	–	0.05	–	–	0.05	–	Mn
硒	–	0.01	–	0.05	0.01	0.01	Se
鋇	–	–	–	–	2	2	Ba
銻	–	–	–	–	0.01	0.01	Sb
鐵	–	–	–	–	0.3	–	Fe

註：整理自土壤污染管制標準第 5 條、地面水體分類及水質標準附表二、地下水污染管制標準第 4 條、飲用水水源水質標準第 5、6 條、飲用水水質標準第 3 條。

3. 土壤、地面水和地下水

(1) 有機化合物

土壤有機化合物之管制標準值遠高於地面水和地下水。

表 8-23　土壤、地面水和地下水有機化合物管制標準值

項目	土壤	地面水	地下水	英文名稱
單環芳香族碳氫化合物				
苯	5	0.01	0.005	Benzene
甲苯	500	0.7	1	Toluene
乙苯	250	–	0.7	Ethylbenzene
二甲苯	500	–	10	Xylenes
多環芳香族碳氫化合物				
萘	–	–	0.04	Naphthalene

項目	土壤	地面水	地下水	英文名稱
氯化碳氫化合物				
四氯化碳	5	0.005	0.005	Carbon tetrachloride
氯苯	–	–	0.1	Chlorobenzene
氯仿	100	–	0.1	Chloroform
氯甲烷	–	–	0.03	Chloromethane
1,4- 二氯苯	–	–	0.075	1,4-Dichlorobenzene
1,1- 二氯乙烷	–	–	0.85	1,1-Dichloroethane
1,2- 二氯乙烷	8	0.01	0.005	1,2-Dichloroethane
1,1- 二氯乙烯	–	–	0.007	1,1-Dichloroethylene
順 -1,2- 二氯乙烯	7	–	0.07	cis-1,2-Dichloroethylene
反 -1,2- 二氯乙烯	50	–	0.1	trans-1,2-Dichloroethylene
2,4,5- 三氯酚	350	–	0.37	2,4,5-Trichlorophenol
2,4,6- 三氯酚	40	–	0.01	2,4,6-Trichlorophenol
五氯酚	200	–	0.008	Pentachlorophenol
四氯乙烯	10	–	0.005	Tetrachloroethylene
三氯乙烯	60	0.01	0.005	Trichloroethylene
氯乙烯	10	–	0.002	Vinyl chloride
二氯甲烷	–	0.02	0.005	Dichloromethane）
1,1,2- 三氯乙烷	–	–	0.005	1,1,2-Trichloroethane
1,1,1- 三氯乙烷	–	1	0.2	1,1,1-Trichloroethane
1,2- 二氯苯	100	–	0.6	1,2-Dichlorobenzene
3,3'- 二氯聯苯胺	2	–	0.01	3,3'-Dichlorobenzidine
1,2- 二氯丙烷	0.5	–	–	1,2-Dichloropropane
1,3- 二氯苯	100	–	–	1,3-Dichlorobenzene
六氯苯	500	–	–	Hexachlorobenzene
總石油碳氫化合物（TPH）	1000	–	–	Total petroleum hydrocarbons

項目	土壤	地面水	地下水	英文名稱
氰化物	–	0.05	0.05	Cyanide as CN-
一般項目				
硝酸鹽氮	–	–	10	Nitrate as N
亞硝酸鹽氮	–	–	1	Nitrite as N
氟鹽	–	–	0.8	Fluoride as F-
其他污染物				
甲基第三丁基醚	–	–	0.1	Methyl tert-butyl ether, MTBE
總石油碳氫化合物	–	–	1	Total Petroleum Hydrocarbons, TPH
持久性有機化合物				
戴奧辛	1000	–	–	Dioxins
多氯聯苯	0.09	–	–	Polychlorinated biphenyls

註：整理自土壤污染管制標準第 5 條、地面水體分類及水質標準附表二、地下水污染管制標準第 4 條。

(2) 農藥

土壤之農藥管制標準值高於地面水和地下水。

表 8-24 土壤、地面水和地下水農藥管制標準值

項目	土壤	地面水	地下水	英文名稱
安特靈	20	0.0002	–	Endrin
靈丹	–	0.004	–	Lindane
毒殺芬	0.6	0.005	0.003	Toxaphene
安殺番	60	0.003	–	Endosulfan
飛佈達及其衍生物	0.2	0.001	–	Heptachlor, Heptachlor epoxide

項目	土壤	地面水	地下水	英文名稱
滴滴涕及其衍生物	3	0.001	–	4,4'-Dichlorodiphenyl-triichloroethane (DDT), DDD, DDE
阿特靈（含地特靈）	0.04	0.003	–	Aldrin
地特靈	0.04	–	–	Dieldrin
五氯酚及其鹽類	–	0.005	–	Pentachlorophenol
可氯丹	0.5	–	0.002	Chlordane
除草劑	–	0.1	–	
丁基拉草	–	–	–	Butachlor
巴拉刈	–	–	0.03	Paraquat
2,4- 地	–	–	0.07	2,4-D
有機磷劑及氨基甲酸鹽總量	–	0.1	–	
巴拉松	–	–	0.022	Parathion
大利松	–	–	0.005	Diazinon
達馬松	–	–	0.02	Methamidophos
亞素靈	–	–	–	Monocrotophos
一品松	–	–	–	EPN
陶斯松	–	–	–	Chlorpyrifos
氨基甲酸鹽				
滅必蝨	–	–	–	Isoprocarb
加保扶	–	–	0.04	Carbofuran
納乃得	–	–	–	Methomyl
其他物質	–	–	–	
酚類	–	0.005	–	Phenols

註：整理自土壤污染管制標準第 5 條、地面水體分類及水質標準附表二、地下水污染管制標準第 4 條。

4. 公共和社區專用污水下水道放流水

公共污水下水道除了氨氮比社區專用污水下水道低以外，其餘項目之限值都和社區專用污水下水道一樣。另外，公共污水下水道和社區專用下水道不一樣的是，沒有重金屬項目之限值。

表 8-25　公共和社區污水下水道放流水限值

<table>
<tr><th>範圍</th><th colspan="3">項目</th><th>公共污水</th><th>社區污水</th></tr>
<tr><td rowspan="9">共同適用</td><td rowspan="4">水溫</td><td rowspan="2">排放非海洋水體</td><td>5～9 月</td><td colspan="2"><38</td></tr>
<tr><td>10～4 月</td><td colspan="2"><35</td></tr>
<tr><td colspan="2">直接排放海洋</td><td colspan="2"><42</td></tr>
<tr><td colspan="2">距排放口 500m</td><td colspan="2">溫差<4</td></tr>
<tr><td colspan="3">氫離子濃度指數</td><td colspan="2">6.0～9.0</td></tr>
<tr><td colspan="3">硝酸鹽氮</td><td colspan="2">50</td></tr>
<tr><td>正磷酸鹽</td><td colspan="2">排放於自來水水質水量保護區內</td><td colspan="2">4</td></tr>
<tr><td colspan="3">陰離子界面活性劑</td><td colspan="2">10</td></tr>
<tr><td colspan="3">油脂（正己烷抽出物）</td><td colspan="2">10</td></tr>
<tr><td rowspan="8">Q>250CMD</td><td colspan="3">生化需氧量</td><td colspan="2">30</td></tr>
<tr><td colspan="3">化學需氧量</td><td colspan="2">100</td></tr>
<tr><td colspan="3">懸浮固體</td><td colspan="2">30</td></tr>
<tr><td colspan="3">大腸桿菌群</td><td colspan="2">200,000</td></tr>
<tr><td rowspan="3">氨氮</td><td colspan="2">排放於自來水水質水量保護區內</td><td>6</td><td>10</td></tr>
<tr><td rowspan="2">排放於自來水水質水量保護區外，且截流量達最大廢污水量</td><td>>20%</td><td>30</td><td>–</td></tr>
<tr><td><20%</td><td>10</td><td>–</td></tr>
<tr><td>總氮</td><td colspan="2">排放於自來水水質水量保護區外，且截流量達最大廢污水量<20%</td><td>35</td><td>–</td></tr>
</table>

<table>
<tr><th>範圍</th><th colspan="2">項目</th><th>公共污水</th><th>社區污水</th></tr>
<tr><td rowspan="5">Q<250CMD</td><td colspan="2">生化需氧量</td><td colspan="2">50</td></tr>
<tr><td colspan="2">化學需氧量</td><td colspan="2">150</td></tr>
<tr><td colspan="2">懸浮固體</td><td colspan="2">50</td></tr>
<tr><td colspan="2">大腸桿菌群</td><td colspan="2">300,000</td></tr>
<tr><td>氨氮</td><td>排放於自來水水質水量保護區內</td><td colspan="2">10</td></tr>
<tr><td rowspan="17">共同適用</td><td colspan="2">溶解性鐵</td><td>–</td><td>10</td></tr>
<tr><td colspan="2">溶解性錳</td><td>–</td><td>10</td></tr>
<tr><td colspan="2">鎘</td><td>–</td><td>0.03</td></tr>
<tr><td colspan="2">鉛</td><td>–</td><td>1</td></tr>
<tr><td colspan="2">總鉻</td><td>–</td><td>2</td></tr>
<tr><td colspan="2">六價鉻</td><td>–</td><td>0.5</td></tr>
<tr><td colspan="2">甲基汞</td><td>–</td><td>0.0000002</td></tr>
<tr><td colspan="2">總汞</td><td>–</td><td>0.005</td></tr>
<tr><td colspan="2">銅</td><td>–</td><td>3</td></tr>
<tr><td colspan="2">鋅</td><td>–</td><td>5</td></tr>
<tr><td colspan="2">銀</td><td>–</td><td>0.5</td></tr>
<tr><td colspan="2">鎳</td><td>–</td><td>1</td></tr>
<tr><td colspan="2">硒</td><td>–</td><td>0.5</td></tr>
<tr><td colspan="2">砷</td><td>–</td><td>0.5</td></tr>
<tr><td rowspan="2">硼</td><td>排放於自來水水質水量保護區內</td><td>–</td><td>1</td></tr>
<tr><td>排放於自來水水質水量保護區外</td><td>–</td><td>5</td></tr>
</table>

註：整理自放流水標準附表十二、十四。

5. 灌溉用水和公共、社區專用污水下水道系統放流水

最近有些機關希望利用污水下水道之放流水作爲灌溉使用，因此，將灌溉用水和公共、社區專用污水下水道系統放流水水質製表比較。自表

8-26可知，公共污水下水道沒有灌溉水之管制項目，同時社區專用污水下水道之管制項目明顯高於灌溉水之管制項目。因此，公共和社區污水下水道之放流水不能作爲灌溉使用。

表 8-26 灌溉水質、公共、社區污水下水道放流水管制限值

管制項目	灌溉水	公共污水	社區污水
總鉻（Cr）	0.1	–	2
鎳（Ni）	0.2	–	1
銅（Cu）	0.2	–	3
鋅（Zn）	2	–	5
鎘（Cd）	0.01	–	0.03
鉛（Pb）	0.1	–	1
砷（As）	0.05	–	0.5
汞（Hg）	0.002	–	0.005
氫離子濃度指數（pH值）	6.0～9.0		

註：整理自農田灌溉排水管理辦法附表一、放流水標準附表十二、十四。

自表8-27可知，公共和社區污水下水道放流水知氨氮、陰離子界面活性劑和油脂都高於灌溉水質標準，所以，公共和社區污水下水道之放流水不能作爲灌溉使用。

表 8-27 灌溉水質、公共、社區污水下水道放流水品質項目限值

品質項目	限值	公共污水	社區污水
導電度（EC）	750	–	–
懸浮固體（SS）	100	–	–
氨氮（NH_3-N）	3	6	10
鈉吸著率（SAR）	6	–	–

品質項目	限値	公共污水	社區污水
殘餘碳酸鈉（RSC）	2.5	–	–
氯鹽（Cl^-）	175	–	–
硫酸鹽（SO_4^{2-}）	200	–	–
溶氧（DO）	3	–	–
陰離子界面活性劑	5	10	
油脂	5	10	

註：整理自農田灌溉排水管理辦法附表二、放流水標準附表十二、十四。

四、土壤及地下水

（一）山坡地土地可利用限度分類

山坡地土地可利用限度分類標準依據坡度、土壤有效深度、土壤沖蝕程度和母岩性質等 4 個項目，將山坡地可利用限度分為宜農、牧地、宜林地和加強保育地等 3 個類別。其中，坡度分 6 級、土壤有效深度 4 級、土壤沖蝕程度 4 級、母岩性質 2 級。

表 8-28　坡度

級別	坡度 (%)
一級	< 5
二級	5～15
三級	15～30
四級	30～40
五級	40～55
六級	> 55

註：摘自山坡地土地可利用限度分類標準第 3 條。

表 8-29　土壤有效深度

級別	有效深度 (cm)
甚深層	＞90
深層	50～90
淺層	20～50
甚淺層	＜20

註：摘自山坡地土地可利用限度分類標準第 3 條。

表 8-30　土壤沖蝕程度

級別	沖蝕徵狀（cm）
輕微	沖蝕寬度＜30、沖蝕深度＜15
中等	溝狀沖蝕，沖蝕寬度：30～100 且深度：15～30
嚴重	沖蝕溝寬度＞100 且深度＞30，呈 U 型、V 型或 UV 複合型蝕溝，得以植生方法救治
極嚴重	沖蝕溝寬度＞100 且深度＞30 甚至母岩裸露，局部有崩塌現象

註：摘自山坡地土地可利用限度分類標準第 3 條。

表 8-31　母岩性質

類別	物根系伸展及農機具施作難易度
軟質母岩	部分植物根系可伸入，農機具可施作之鬆軟或碎礫狀母岩
硬質母岩	植物根系無法伸入，農機具無法施作之整體堅固母岩

註：摘自山坡地土地可利用限度分類標準第 3 條。

表 8-32　山坡地土地可利用限度分類標準

類別	坡度	土壤有效深度	土壤沖蝕程度	母岩性質
宜農、牧地	1～3 級坡	–	–	–
	4 級坡	淺層、深層、甚深層	–	–
		甚淺層	輕微、中等	軟質

類別	坡度	土壤有效深度	土壤沖蝕程度	母岩性質
宜農、牧地	5 級坡	深層、甚深層	–	–
		淺層	輕微、中等	軟質
宜林地	4 級坡	甚淺層	嚴重	硬質
	5 級坡	甚淺層	–	–
		淺層	嚴重	硬質
	6 級坡	–	–	–
加強保育地	–	–	嚴重、崩塌、地滑	脆弱母岩裸露

註：整理自山坡地土地可利用限度分類標準第 4 條。

（二）地下水管制區

地下水管制區劃定作業規範依據本島和離島網格之不同影響因子權重加總計算，總分高於 45 分者列爲管制網格。

表 8-33　地下水管制區

影響因子		本島	離島
地層下陷變化	累積下陷量	10	–
	地層下陷速率	20	–
地下水位變化	下降幅度	25	–
	低於零水位	15	–
地下水水情		10	–
地質條件		10	10
地面高程		10	40
水質條件		–	50

註：摘自地下水管制區劃定作業規範第 7 點。

五、生態

依據野生動物保育法公告之臺灣境內外之保育類野生動物，可分爲「瀕臨絕種」、「珍貴稀有」及「其他應予保育」等 3 個保育等級。其中陸域物種由農業部公告，海域物種由海洋委員會公告，植物物種則是農業部林業及自然保育署依文化資產保存法公告珍貴稀有植物。

臺灣境內之保育分級和國際自然保護聯盟（IUCN）紅皮書標準不同。紅皮書之保育分級爲滅絕、野外滅絕、區域滅絕、受脅（極危、瀕危、易危）、接近受脅和暫無危機等 8 類別。同時依據族群量下降、分布範圍、族群量小且下降、族群量極少且分布侷限，以及量化分析等 5 個評估標準，將受脅（極危、瀕危、易危）及接近受脅等 4 個保育類別量化分級。

農業部生物多樣性研究所於 2016、2017 年出版《2016 臺灣鳥類紅皮書名錄》、《2017 臺灣陸域爬行類紅皮書名錄》、《2017 臺灣兩棲類紅皮書名錄》、《2017 臺灣淡水魚類紅皮書名錄》、《2017 臺灣陸域哺乳類紅皮書名錄》、《2017 臺灣維管束植物紅皮書名錄》等 6 本紅皮書名錄。

目前之瀕危動物保育行動對象爲石虎、歐亞水獺、臺灣狐蝠、臺灣黑熊、臺灣穿山甲、熊鷹、山麻雀、草鴞、金絲蛇、豎琴蛙、臺灣山椒魚、觀霧山椒魚、南湖山椒魚、楚南氏山椒魚、阿里山山椒魚、巴氏銀鮈、飯島氏銀鮈、大紫蛺蝶、寬尾鳳蝶、珠光鳳蝶、食蛇龜、柴棺龜等 22 種。

農業部林業及自然保育署依文化資產保存法公告之珍貴稀有植物，則有臺灣穗花杉、南湖柳葉菜、臺灣水青岡和清水圓柏等 4 項。

海洋委員會將海洋保育類野生動物名錄分爲海洋哺乳類、海洋鳥類、海洋爬蟲類、海洋魚類及其他種類之動物等 5 大類。

六、文化

表 8-34　文化資產類別及其判定基準

類別	判定基準
古蹟	1.古蹟，應符合下列基準之一： a.具高度歷史、藝術或科學價值者。 b.表現各時代營造技術流派特色者。 c.具稀少性，不易再現者。 2.國定古蹟：指定古蹟中較具重要、保存完整並爲各時代或某類型之典範者。
歷史建築	歷史建築，應符合下列基準之一： 1.表現地域風貌或民間藝術特色者。 2.具建築史或技術史之價值者。 3.具地區性建造物類型之特色者。
紀念建築	紀念建築，應符合下列基準： 1.與歷史、文化、藝術等具有重要貢獻之人物相關，且其重要貢獻與建造物及附屬設施具高度關聯者。 2.具有歷史、藝術、科學等文化價值，且應予保存者。
聚落建築群	1.聚落建築群，應符合下列基準之一： a.整體環境具地方特色者。 b.歷史脈絡與紋理完整且風貌協調具保存價值者。 c.具建築或產業特色者。 2. 重要聚落建築群：已登錄聚落建築群中對全國具特殊意義者。
考古遺址	1.直轄市定、縣（市）定考古遺址，應符合下列基準之一： a.具文化發展脈絡中之定位及學術研究史上之意義者。 b.具文化堆積內涵之特殊性及豐富性者。 c.具同類型考古遺址數量之稀有性或保存狀況之完整性者。 2.國定考古遺址之指定，除依直轄市定、縣（市）定考古遺址之基準外，並應具全國代表性及價值。
史蹟	1.史蹟：應具有遺跡或史料佐證曾發生歷史上重要事件者。 2.重要史蹟：已登錄之史蹟中對全國具特殊歷史價值意義者。
文化景觀	1.文化景觀，應符合下列基準之一： a.呈現人類與自然環境互動之定著地景。 b.能反映出土地永續利用之特殊技術、特定模式或價值。 c.能實質呈現特定產業生活與周邊環境關係，且具時代或社會意義。 2.重要文化景觀：已登錄之文化景觀中對全國具特殊意義者。

類別	判定基準
古物	一般古物之指定，應符合下列基準之一： 1.具有地方或族群之風俗、記憶及傳說、信仰、傳統技術、藝能或生活文化特色。 2.具有地方重要人物或歷史事件之深厚淵源者。 3.能反映政治、經濟、社會、人文、藝術、科學等歷史變遷或時代特色者。 4.具有藝術造詣或科學成就。 5.數量稀少者。 6.對地方或族群知識、技術或流派發展具影響或意義。
	重要古物之指定，應符合下列基準之一： 1.能表現傳統、族群或地方之風俗、記憶及傳說、信仰、技藝或生活文化之重要特色。 2.重要人物或重大歷史事件之重要意義。 3.能反映政治、經濟、社會、人文、藝術、科學等歷史變遷或時代之重要特色。 4.具有重要藝術造詣或科學成就。 5.數量特別稀少或具完整性保存意義者。 6.對知識、技術或流派發展具重要影響或意義。
	國寶之指定，應符合下列基準之一： 1.能表現傳統、族群或地方之風俗、記憶及傳說、信仰、技藝或生活文化特色之典型。 2.歷代著名人物、國家重大事件之代表性。 3.能反映政治、經濟、社會、人文、藝術、科學等歷史變遷或時代特色之代表性。 4.具有獨特藝術造詣或科學成就。 5.獨一無二或不可替代性。 6.對知識、技術或流派發展具特殊影響或意義。
海域自然地景	海域自然地景之指定基準如下： 1.自然保留區：具有自然、保存完整及下列條件之一之海域： a.代表性生態體系，可展現生物多樣性。 b.獨特地形、地質意義，可展現海域自然地景之多樣性。 c.具遺傳多樣性保存永久觀察、教育及科學研究價值。 2.地質公園：具有下列條件之海域： a.以特殊地形、地質現象之地質遺跡為核心主體。 b.特殊科學重要性、稀少性及美學價值。 c.能充分代表某海域之地質歷史、地質事件及地質作用。

類別	判定基準
海域自然紀念物	海域自然紀念物之指定基準如下： 1.珍貴稀有植物：本國特有，且族群數量稀少或有絕滅危機。 2.珍貴稀有礦物：本國特有，且數量稀少。 3.特殊地形及地質現象：具有下列條件之範圍： a.自然形成且獨特罕見。 b.科學、教育、美學及觀賞價值。
陸域自然地景	自然地景之指定基準如下： 1.自然保留區：具有自然、保存完整及下列條件之一之區域： a.代表性生態體系，可展現生物多樣性。 b.獨特地形、地質意義，可展現自然地景之多樣性。 c.基因保存永久觀察、教育及科學研究價值。 2.地質公園：具有下列條件之區域： a.以特殊地形、地質現象之地質遺跡爲核心主體。 b.特殊科學重要性、稀少性及美學價值。 c.能充分代表某地區之地質歷史、地質事件及地質作用。
自然紀念物	自然紀念物之指定基準如下： 1.珍貴稀有植物：本國特有，且族群數量稀少或有絕滅危機。 2.珍貴稀有礦物：本國特有，且數量稀少。 3.特殊地形及地質現象：具有下列條件之範圍： a.自然形成且獨特罕見。 b.科學、教育、美學及觀賞價值。

第九章　影響預測

在初擬開發行爲後，就要依據環境品質調查資料，以定量或定性方式預測開發行爲對環境之影響。目前常見之問題是預測影響所使用之輸入資料並非環境品質調查資料值，更特別的是，使用假設值作爲輸入值預測環境影響，這種預測作業已經失去環評之精神和功能。

9-1　物理及化學類

一、空氣品質

施工期間因爲整地作業造成土地裸露，要避免砂塵飛向下風處，影響敏感地區之空氣品質，就需要依據土地裸露期間之風速、風向和發生頻率，亦即風花圖之資訊，以質量方程式計算飛向下風處之泥砂量。

營運期間所產生之粒狀污染物、二氧化硫、氮氧化物、一氧化碳、臭氧、鉛、落塵量、碳氫化合物、揮發性有機物、氯化氫、氟化氫、石綿、重金屬、戴奧辛、異味等項目，甚至包含固定及移動污染源等，配合風花圖之資訊，估計不同排放源之排放污染物量，以擴散方程式計算其擴散稀釋距離、濃度，以及潛在影響區域或範圍之污染量。

針對高、低排放管道之排放量，可以依據下列公式計算：

1. 低排放管道，即 $h \leq 6m$ 時。

$$q = a \cdot b^2$$

b : 污染源之排放管道口至該污染源周界之最短水平距離，其單位爲 m。

2. 較高排放管道，即 $h > 6m$ 時。

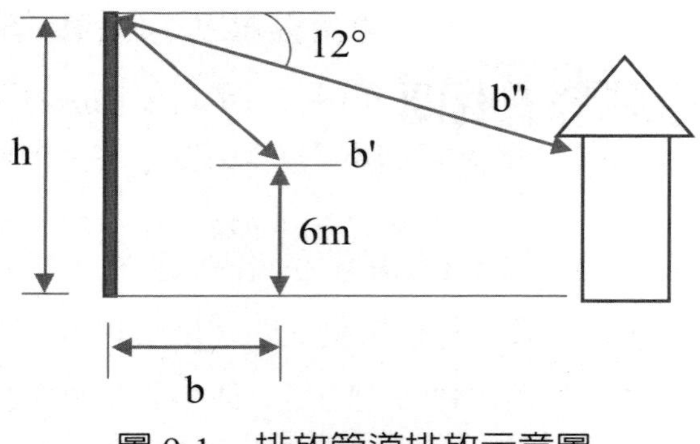

圖 9-1 排放管道排放示意圖

(1)

$$b \geq 5(h-6)$$

$$q = a \cdot b'^2$$

b'：污染源之排放管道口至該污染源周界線上垂直高度 6m 處之最短距離，其單位爲 m。

(2)

$$b < 5(h-6)$$

$$q = a \cdot b''^2$$

b''：以污染源之排放管道口中心爲頂點向下 12 度俯角所形成之圓錐與他人建築物相交時，自該排放管道口中心至該建築物之最短距離，其單位爲 m。

(3)

$$b < 5(h-6)$$

且無前述之狀況，即污染源距離建築物甚遠，或建築物低於 6m，以致污染源之排放管道口中心爲頂點向下 12 度俯角所形成之圓錐與他人建築物並無相交時。

$$q = a \cdot 25 \cdot (h-6)^2$$

式中，q：任一污染源所屬各獨立排放管道單元，各污染物之單位時間最高許可排放量，其單位爲 g/s。a：固定污染源有害空氣污染物排放標準附表之各污染物之換算係數（如表 9-1）。h：排放管道出口之實際高度，單位爲 m。

計算污染物擴散時，需要了解空氣污染擴散特性，以及開發行爲排放空氣污染物之大氣擴散特性。由於影響污染物移動之因子爲水平風向、風速，以及垂直溫度梯度，因此，污染物之擴散特性和一年四季之高、低空溫度差異有關。

表 9-1　固定污染源有害空氣污染物排放標準附表

中文名稱（化學物質登錄號）	污染源種類	排放管道標準值	周界標準值	換算係數 a
1,2- 二氯乙烷（107-06-2）	新設污染源 既存污染源	*	150ppb	3.45×10^{-4}
1,3- 丁二烯（106-99-0）	新設污染源 既存污染源	*	15ppb	1.88×10^{-5}
乙苯（100-41-4）	新設污染源 既存污染源	*	150ppb	3.70×10^{-5}
二甲苯（1330-20-7）	新設污染源 既存污染源	*	150ppb	3.70×10^{-4}
二氯甲烷（75-09-2）	新設污染源 既存污染源	*	100ppb	1.97×10^{-4}
三氯乙烯（79-01-6）	新設污染源 既存污染源	*	45ppb	1.36×10^{-4}
三氯甲烷（67-66-3）	新設污染源 既存污染源	*	90ppb	2.49×10^{-4}
六價鉻化合物（18540-29-9）	新設污染源 既存污染源	*	$0.025\mu g/m^3$	1.42×10^{-8}
丙烯腈（107-13-1）	新設污染源 既存污染源	*	27ppb	3.32×10^{-5}

中文名稱 (化學物質登錄號)	污染源種類	排放管道標準值	周界標準值	換算係數 a
四氯乙烯 (127-18-4)	新設污染源 既存污染源	*	100ppb	3.85×10^{-4}
四氯化碳 (56-23-5)	新設污染源 既存污染源	*	40ppb	1.42×10^{-4}
甲苯 (108-88-3)	新設污染源 既存污染源	*	150ppb	3.21×10^{-4}
甲醛 (50-00-0)	新設污染源 既存污染源	*	60ppb	4.18×10^{-5}
汞及其化合物 (7439-97-6)	新設污染源 既存污染源	*	$1\mu g/m^3$	5.68×10^{-7}
苯 (71-43-2)	新設污染源 既存污染源	*	40ppb	7.25×10^{-5}
苯乙烯 (100-42-5)	新設污染源 既存污染源	*	100ppb	2.42×10^{-4}
砷及其化合物 (7440-38-2)	新設污染源 既存污染源	*	$0.07\mu g/m^3$	3.97×10^{-8}
氯乙烯 (75-01-4)	新設污染源 既存污染源	10ppm	20ppb	—
鈹及其化合物 (7440-41-7)	新設污染源 既存污染源	*	$0.04\mu g/m^3$	2.27×10^{-8}
鉛及其化合物 (7439-92-1)	新設污染源 既存污染源	$1mg/Nm^3$	$1\mu g/m^3$	—
鎘及其化合物 (7440-43-9)	新設污染源 既存污染源	$0.1mg/Nm^3$	$0.17\mu g/m^3$	—
鎳及其化合物 (7440-02-0)	新設污染源 既存污染源	*	$0.5\mu g/m^3$	2.84×10^{-7}

*：依固定污染源有害空氣污染物排放標準第四條所列方法計量

二、噪音及振動

施工噪音是社區噪音之顯著來源，依據施工方法、機具種類與數量和背景音量資料，加總推估各噪音源對敏感受體之噪音強度值。

依據飛機引擎運轉、飛航起降所產生之噪音資料，配合機場全年規劃之起降頻率和架次，輸入美國航空總署發展之航空噪音整合模式，繪製等音量線，評估開發計畫對機場周圍地區之影響。

（一）影響因子

噪音之影響因子有：

1. 施工型態或開發活動之規模與強度。
2. 音源與敏感受體，如住宅區、醫院、學校等之間的距離。
3. 音源與敏感受體間之天然或人工隔音屏障。
4. 影響聲音吸收、反射或聚斂之氣候條件。

（二）型態

噪音型態有衝擊性噪音和連續性噪音兩大類：

1. 衝擊性噪音：屬於時間短暫之高強度聲音。例如：爆炸、音爆，或重物撞擊。

$$L_{dn} = SEL \cdot \log(N_d + 10N_n) - 49.4$$

式中，L_{an}：日夜音量，SEL：單一事件之最大暴露音量，N_d：上午 7:00 至晚上 10:00 間發生之次數，N_n：晚上 10:00 至翌日上午 7:00 間發生之次數。

2. 連續性噪音：屬於長期之較低強度聲音，例如：馬達、風機、交通車輛引擎等所產生之噪音。

$$L_{eq} = AL + 10 \cdot \log D - 35.6$$

$$\text{or } L_{dn} = AL + 10 \cdot \log(D_d + 10D_n) - 49.4$$

式中，AL：事件之最大 A 加權音量，D：事件持續一小時內之時間，D_d：上午 7:00 至晚上 10:00 間之事件持續時間，D_n：晚上 10:00 至翌日上午 7:00 間之事件持續時間。

（三）營建工程噪音評估模式

營建工程噪音依據營建工程噪音評估模式技術規範，可以分施工機具和施工車輛兩大類（如表 9-2）：

表 9-2　營建工程噪音評估模式

類型	型態	模式
施工機具	一般施工機具	1.半自由音場距離衰減公式 2.SoundPLAN 3.Cadna-A
	衝擊式打樁機	1.自由音場距離衰減公式 2.SoundPLAN 3.Cadna-A
施工車輛	行進中傾卸卡車	1.黃榮村模式 2.RLS-90 3.SoundPLAN 4.Cadna-A

其中，半自由音場距離衰減公式和自由音場距離衰減公式如下：

1. 半自由音場距離衰減公式

$$SPL(A) = PWL(A) - 20 \cdot \log r - 8 \text{ for } r \leq 50$$

$$SPL(A) = PWL(A) - 20 \cdot \log r - 0.025 \text{ for } r > 50$$

2. 自由音場距離衰減公式

$$SPL(A) = PWL(A) - 20 \cdot \log r - 11 \text{ for } r \leq 50$$

$$SPL(A) = PWL(A) - 20 \cdot \log r - 0.025r - 11 \text{ for } r > 50$$

式中，$SPL(A)$：A 加權音壓位準，$dB(A)$。$PWL(A)$：A 加權聲功率位準，$dB(A)$。r：距離 m。

（四）振動

目前國內僅有機械振動量測分析，尚未有振動對環境影響之相關規範。開發計畫得以現場量測施工及營運期間之振動量，並與國外之振動管制標準比較，所採用之施工機具或營運操作設備所產生之振動，對建物結構或人體生理、心理健康之影響。

三、土壤

開發計畫對土壤之影響預測如下：

1. 由開發計畫之規劃設計資料及施工方式，判斷高程、坡度及地形可能之改變，並判斷地形改變區位、改變型式、範圍、高程及坡度或可能之衝擊等。同時，分析施工及營運期間開發計畫對周邊環境可能發生土壤沖蝕、落石、山崩、地層下陷之區段及其影響程度。
2. 依據土壤試驗、工程數據分析及工程經驗，判斷開發計畫對土壤特性之改變以及可能之污染衝擊。
3. 依據預估之空氣污染、水質污染或廢棄物量體，評估其對土壤污染濃度，以及累積濃度之影響。
4. 依暫置和最終取棄土地點之資料，研判對環境之影響，包括取棄土方估算、運送方式、路線、棄置特性及環境保護需要等。取土作業需要考慮重金屬檢驗和紅火蟻檢測。
5. 由河川、海岸地區及海底地形等深線圖及海岸地區沉滓粒徑分布，估算開發計畫衍生之輸砂量及沿岸漂砂量變化對海岸地形之影響。
6. 由土壤特性、坡度、水文及水保等資料，計算施工及營運期間之土壤流失量。
7. 依土壤特性、厚度、地質條件、地下水狀況、坡度、風化狀況、填方及邊坡穩定規劃，計算開發計畫對環境之邊坡穩定影響。

8. 以暴潮潮位之歷史紀錄爲基礎，預測強烈颱風來襲時，開發計畫之安全性，以及海岸地形變化與沖刷淤積機制。

四、水體

（一）地面水

1. 依據歷年來水文年報之降雨量、河川流量、泥砂濃度紀錄，預測開發計畫對地面水之影響。
2. 地面水污染可以分爲點污染源和非點污染源兩大類。點污染源如縣市或工業廢污水排放；非點污染源爲城鄉或山坡地之漫地流或地表逕流排放至地面水體。
3. 由計畫放流口下游河川之自淨能力，以及生態棲地之需求，評估放流水之水質與流量。
4. 估算營運期間因爲不透水面積增加、透水設施增加、排水、滯洪系統改變，對承受水體排洪能力之影響。
5. 預估初期暴雨逕流及施工開挖整地對承受水體水質之影響。
6. 由現場實測數據及水質質量方程式或其他數學方程式估算污染物排入量，以及地面水之涵容能力，評估開發計畫放流水對承受水體之影響。
7. 懸浮固體物降低水體清澈度並妨礙光合作用；如果固體沉降形成污泥沉澱時，則會影響底棲性生態系統。
8. 顏色、濁度、油脂及漂浮物會令人覺得不美觀，並且可能影響水體清澈度及光合作用之進行。
9. 大量氮和磷容易造成藻類過量繁殖，影響水體清澈度及光合作用之進行。
10. 酸性、鹼性及毒性物質有可能使魚類死亡，並造成河溪生態不平衡。

（二）地下水

1. 比對地下水管制區資料，再以地質鑽探資料，以及歷年地下水位、下陷量和下陷速度紀錄，推估開發計畫於施工與營運期間可能發生之下陷量。
2. 評估地下水抽取或補注對地下水脈分布、地下水層深度和地下水量之影響。
3. 預估開挖隧道或路塹造成地下水洩降，對計畫周邊地下水使用之影響。
4. 由地質結構研判地下水受污染物滲漏污染之可能性，及其對地下水水質與地下水使用之影響。
5. 配合水文、地形、地質資料，模擬地下水之擴散與傳輸。
6. 一維傳輸方程式

$$-u\frac{\partial C}{\partial x}+D\frac{\partial^2 C}{\partial x^2}-\frac{\rho_s}{p}\cdot\frac{\partial s}{\partial t}+\frac{\partial C}{\partial t_m}=\frac{\partial C}{\partial t}$$

式中，u：平均流速，C：污染物濃度，x：流動方向距離，D：擴散係數，ρ_s：土壤密度，p：土壤孔隙比，s：單位質量乾土吸收之溶質量，t：時間，m：化學反應或生物分解。

9-2　生態

一、工程對水陸域動物之潛在影響

開挖整地工程所衍生之地表擾動、河川、湖泊水體擾動、噪音、土壤污染、水污染和空氣污染等，都會對水、陸域棲息地帶來不同程度或範圍之毀壞、改變和干擾，導致水陸域動物被迫遷徙，甚至出現傷亡。表 9-3 爲工程對水陸域動物之潛在影響。

表 9-3 工程對水陸域動物之潛在影響

	陸域棲息地變更				水域棲息地變更				干擾
	毀壞	改變	遷移	傷亡	毀壞	改變	遷移	傷亡	
地表擾動	X	X	X	–	–	–	–	–	–
河湖擾動	X	X	–	–	X	X	X	X	–
噪音	X	X	–	–	–	–	–	–	X
土壤污染	X	X	–	X	–	–	–	–	–
水污染	–	–	–	–	X	X	–	X	–
空氣污染	–	X	–	X	–	X	–	–	X

二、棲地評價系統

1970 年代中期就已經發展出許多以棲地爲基礎之方法，以函數曲線陳述棲地品質，探討棲地類型及品質之決定性組成，並將棲地生物和非生物的特徵予以量化分析。常被採用之方法，有美國陸軍工兵團之棲地評價系統（Habitat Estimation System, HES）和美國魚類和野生生物局之棲地評價程序（Habitat Estimation Procedure, HEP）兩種。

HES 乃是假設某一物種所需求之棲地是必要存在的，該系統不能處理個別物種，而且，棲地之特徵常被用來作爲野生動物整體品質指標。HEP 則是可以評估選定物種所需棲地之數量與品質。兩者之異同點如表 9-4 所示。

表 9-4 HEP 與 HES 之異同點

棲地評價程序，HEP（1980）	棲地評價系統，HES（1980）
規劃與評估減輕損失	評估野生動物衝擊，評估減輕損失
關切物種	群落
顧慮選擇物種能否代表全部棲息地	接受度高

棲地評價程序，HEP（1980）	棲地評價系統，HES（1980）
棲地適合度指數 HSI	棲地品質指數 HQI
僅限於評估魚類與野生動物	針對各特殊棲地設計
考慮物種的社會重要性	不考慮

三、生物

（一）陸域動物

現場調查及文獻蒐集下列資料：

1. 種類、數量及密度。
2. 種歧異度。
3. 棲息地及習性。
4. 通道及屏障。

了解動物種類、數量及密度、種歧異度、生活習性、現有棲息地狀況、出入通道及活動棲息屏障後，評估開發行為施工與營運期間對棲地之影響和干擾，以及陸域動物之生存威脅。

（二）陸域植物

現場調查及文獻蒐集下列資料：

1. 種類及面積。
2. 種歧異度。
3. 植生分布。
4. 優勢群落。

了解植物種類、植生面積、物種歧異情形、植生分布與優勢群落後，評估開發計畫去除植生面積後，對植生環境及其優勢因素之影響。

（三）水域動物

現場調查及文獻蒐集下列資料：

1. 種類及數量。
2. 種歧異度。
3. 棲息地及習性。
4. 遷移及繁衍。

了解水域動物之種類及數量、種歧異度、棲息地及習性和遷移及繁衍後，評估開發計畫施工與營運期間對棲息地、縱橫向通道之影響和干擾，以及水域動物之生存威脅。

（四）水域植物

現場調查及文獻蒐集下列資料：

1. 種類及面積。
2. 種歧異度。
3. 植生分布。
4. 優勢群落。

了解水域植物種類、植生面積、物種歧異情形、植生分布與優勢群落，評估開發計畫去除水域植生面積後，對植生環境及其優勢因素之影響。

（五）瀕臨絕種及關注物種

1. 動物

由現地調查資料和相關文獻法規了解區內之瀕臨絕種野生動物、珍貴稀有野生動物、特有種和其他應予保育野生動物，以及 IUCN 紅皮書列名之受脅和接近受脅物種之種類、數量、分布，及其棲息地和習性後，評估開發計畫施工與營運期間對其之影響。

2. 植物

由現地調查資料和相關文獻法規了解區內之珍貴稀有植物，以及IUCN 紅皮書列名之受脅和接近受脅植生之種類、面積和分布後，評估開發計畫施工與營運期間對其之影響。

四、生態系統

（一）生態系統

生態系統是指一個由生物及其所居住之非生物環境，藉著能量循環和營養循環而結合形成之穩定的結合體。生態系統沒有範圍大小之限制，可能小到由一株風倒木及其周圍之生物所組成，亦可能大到由一個大面積湖泊或森林所組成，甚至是整個生物圈。生態系統並非永恆不變，而是持續發展之生態演替。生態系統內其中一種或某些物種受到干擾或是傷亡，就會影響整個生態系統原先之演替發展和趨勢。生態金字塔充分說明這個現象，當金字塔下層缺少物種或棲息地時，上層消費者會因爲沒有餌料、食物或棲息地而無法繼續生存。因此，開發計畫對生態系統之影響是必須審慎評估和謹慎處理。生態金字塔由生產者、1 次、2 次、高次消費者和分解者組成。

1. 生產者：樹木、草類。
2. 1 次、2 次、高次消費者：草食性動物直接吃植物過活；而肉食性動物則吃其他動物。
3. 分解者：微生物分解死亡植物和動物屍體，使物質在生物圈中得以循環。

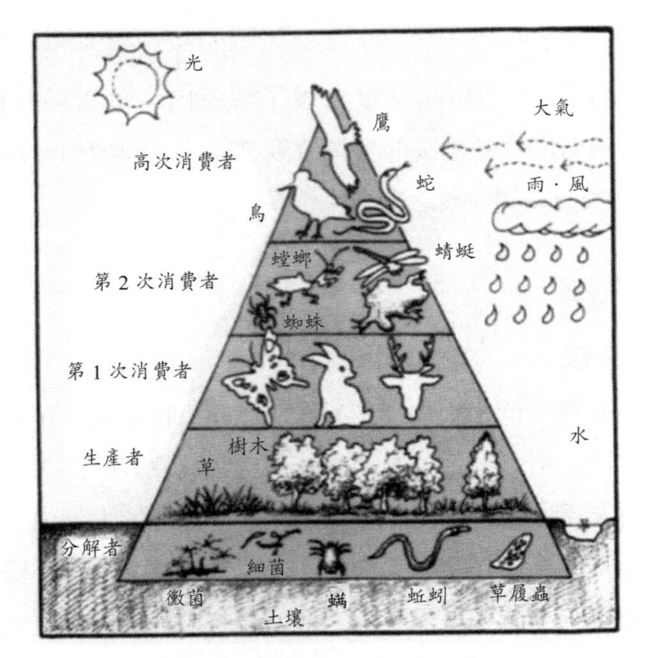

圖 9-2 生態金字塔（Canter, L. W., 1996）

（二）優養作用

以擴散和傳輸方程式評估開發計畫營養鹽之流入及流失量，及其對環境可能發生優養作用之影響。

9-3 景觀及遊憩

一、景觀美質

實質描述和記錄下列項目：

1. 原始景觀。
2. 生態景觀。
3. 文化景觀。
4. 人爲景觀。

藉由實質描述和記錄，了解原始、生態、文化和人爲景觀後，評估開發計畫施工與營運期間對景觀美質原始性、生態性美質特性、文化性美質特性，和人爲景緻及品質等之影響。

二、遊憩

現場調查下列項目：

1. 遊憩需求。
2. 遊憩資源。
3. 遊憩活動。
4. 遊憩設施。
5. 遊憩體驗。

現場調查分析遊憩類別、成長方式、未來需求、遊憩資源規劃與使用狀況、遊憩活動形式和消費方式、遊憩設施類型、位置、使用和維修，以及遊憩體驗後，評估開發計畫施工與營運期間對遊憩之影響。

9-4　社會經濟

一、土地使用

土地使用包含下列調查項目：

1. 使用方式。
2. 發展特性。
3. 計畫區土地使用適宜性。
4. 鄰近土地使用型態。

配合土地使用形式及面積，評估開發計畫對於區域人口產經活動與發展特性、計畫區土地分區使用之潛力和自然環境之影響，以及鄰近土地使用型態對開發計畫本身可能之限制。

二、社會環境

社會環境包含下列項目：

1. 人口及組成。
2. 公共設施。
3. 公共服務。
4. 公共衛生及安全。

預測開發計畫營運期間該地區未來之人口流動、遷移狀況。調查現有公共設施數量及其使用分配情形，由預估人口成長數估算需要增加之公共設施數量，以及重新分配使用機制。調查現有公共服務類型及其服務品質，由預估人口成長數推算需要增加之公共服務項目。由現有公共衛生安全制度、實施狀況、環境衛生水準、公共性危害事件及人口成長等因素，評估未來公共衛生及安全狀況之改善需要項目。

三、交通運輸

1. 根據現有道路服務水準預測施工及營運期間車種組成、尖峰時段可能產生之交通量。
2. 評估開發計畫完成後之大眾運輸系統利用和停車需求。

四、經濟層面

經濟層面包含下列項目：

1. 就業。
2. 經濟活動。
3. 漁業資源。
4. 土地所有權與地價。
5. 生活水準。

評估施工期間對聯絡道路沿線商店營業，以及放流水對水產生物之影響。調查分析現有就業人口類別，以及人口成長率，預測開發計畫可能提供之就業類別與機會，以及對現有地方產經活動及財政概況之影響。

開發完成帶來公共設施數量增加和公共服務品質提升，進而影響地價漲幅、提高土地所有權之轉移數量、影響人口組成和遷移。生活所得提高和能夠負擔高地價之遷入人口，則會提高整體消費水準。

五、社會關係

社會關係包含下列 3 項：

1. 社會體系。
2. 社會心理。
3. 安全危害。

評估開發計畫對社會體系、社會心理之影響，以及可能發生之安全危害事項。

9-5　文化

一、教育性、科學性

包含下列具有教育性、科學性之項目：

1. 建築。
2. 生態。
3. 特殊地質。

評估開發計畫對建築物型式特點、生態系價值和特殊地質之影響。

二、歷史性、紀念性

包含下列具有歷史性、紀念性之建築物和活動、事件：

1. 建築物結構體。

2. 宗教、寺廟、教堂。
3. 活動、事件。

評估開發計畫對具歷史性建築物、結構體之型式特點、歷史性宗教寺廟、教堂之位置、型式，以及活動事件之歷史性意義等影響。

三、文化性

包含兩個項目：

1. 民俗。
2. 文化。

開發計畫務必保存具文化價值之習俗與文化資源。

9-6 健康風險評估

一、健康影響評估任務

世界衛生組織〔World Health Organization，WHO（1985，1986）〕強調，在計畫規劃階段就需要考慮健康影響之重要性。接受亞洲開發銀行（Asian Development Bank, 1992）補助計畫，針對健康影響評估之任務如下：

1. 決定計畫型態與區位。
2. 界定健康風險。
3. 初期健康檢查。
4. 健康影響評估之需要性。
5. 健康影響評估範圍。
6. 健康影響評估。
7. 健康風險管理。
8. 效益監測與評估

二、健康風險評估

利用環境中污染物之毒理特性資料，確認其對人類健康具有影響性。配合人類生活與活動方式，估計接觸與吸收污染物質數量，進而推估發生疾病機率或可能性，稱健康風險評估（Health Risk Assessment）。

民眾暴露在具有污染物質之環境中，會增加感染疾病或得癌症之機率。環境污染程度會反映出對人體健康之影響，透過健康風險評估可以了解有害人體健康之環境污染程度後，進一步採取管理策略，將環境控制在無害人體之程度。

開發行為於環境影響評估各階段之結果，都是眾所矚目之焦點，而環境影響評估之最終目的，不外乎以保障國民身心健康為終極考量，因此，環境部蒐集美國聯邦政府及加州、歐洲、英國、世界衛生組織及亞洲開發銀行等主要先進國家及組織之健康風險評估相關準則及研究報告，再因應我國之實際需求，公布健康風險評估技術規範。開發單位得以據此擬定開發案之健康風險管理策略，以降低開發行為對國民之健康影響程度。

三、評估作業步驟

健康風險評估技術規範之健康風險評估作業步驟如下：

（一）危害確認

包括危害性化學物質種類、危害性化學物質之毒性（致癌性、包括致畸胎性及生殖能力受損之生殖毒性、生長發育毒性、致突變性、系統毒性）、危害性化學物質釋放源、危害性化學物質釋放途徑、危害性化學物質釋放量之確認。

（二）劑量效應評估

致癌性危害性化學物質應說明其致癌斜率因子，非致癌性危害性化學物質應說明其參考劑量、基標劑量或參考濃度。

（三）暴露量評估

進行開發活動於營運階段所釋放危害性化學物質經擴散後，經由各種介質及各種暴露途徑進入影響範圍內居民體內之總暴露劑量評估。

（四）風險特徵描述

依據前 3 項之結果加以綜合計算推估，開發活動影響範圍內居民暴露各種危害性化學物質之總致癌及總非致癌風險，總非致癌風險以危害指標表示不得高於 1；總致癌風險高於 10^{-6} 時，開發單位應提出最佳可行風險管理策略，並經環境部環境影響評估審查委員會審查。風險估算應進行不確定性分析，並以 95% 上限值爲判定基準值。

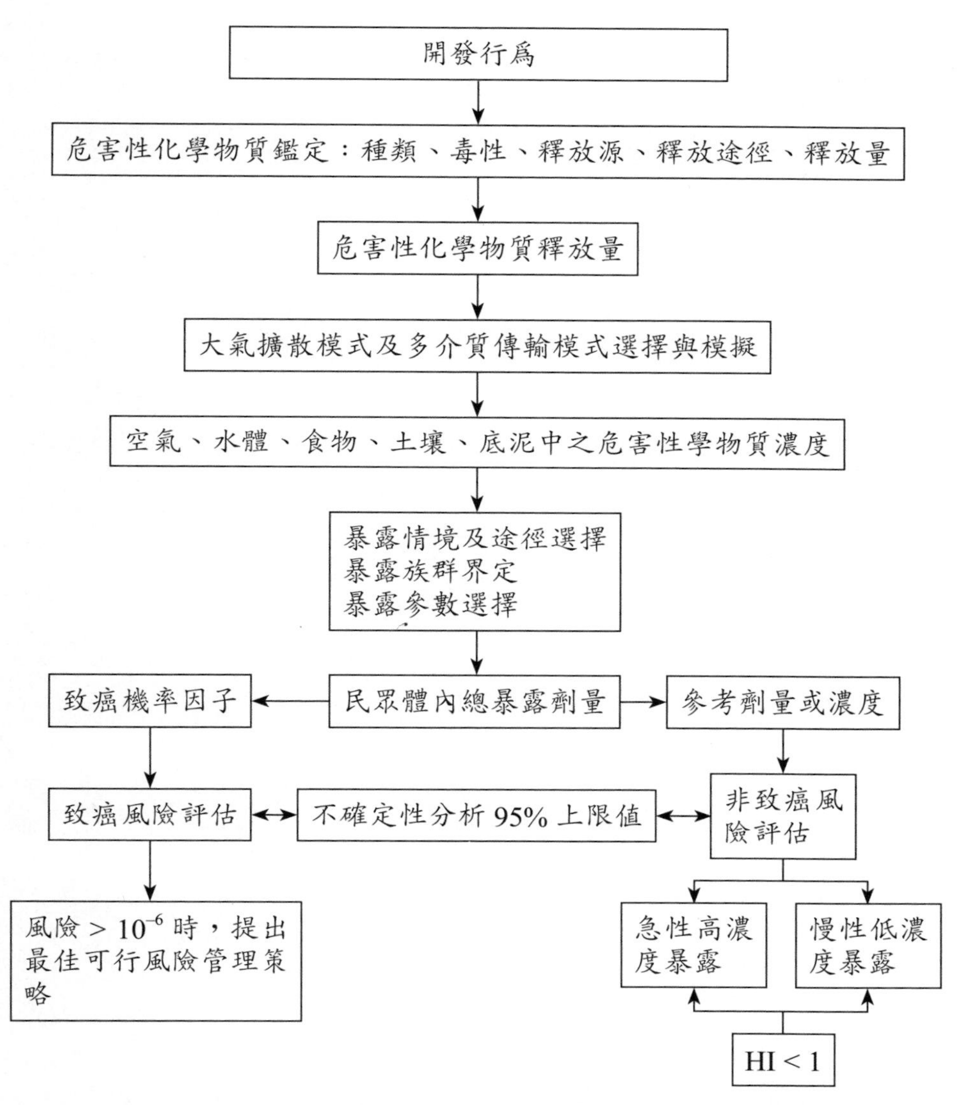

圖 9-3　健康風險評估流程圖（整理自健康風險評估技術規範附圖）

第十章　評估影響顯著性

10-1　物理及化學類

顯著性評估是預測開發計畫於開發前後對環境相關變化是否顯著。3個評估顯著性條件爲民眾意見、專業判斷和界定開發計畫所產生的各類空氣污染物之特性。

噪音影響顯著性可以藉由民眾參與之機會，了解施工或營運期間噪音對環境之影響。另外，專業判斷可以協助評估施工與營運期間噪音量、暴露人口數、噪音指數與基線音量間之差異。

土壤影響顯著性可以藉由量化數據和物理、化學方程式估算污染量，並評估其顯著性。無法以量化表示時，採用定性方法描述也是可行方法之一。地理資訊系統爲包含同一地區多種不同資料層面之資料庫，可以透過通用土壤流失公式估算土壤流失量後，再判斷其土壤流失顯著性。土壤污染物之滲漏、擴散和傳輸，可以藉由達西公式或擴散、傳輸公式估算污染量及其污染速率和範圍後，再經由專業判斷污染物之污染顯著性。

有關地下水量和地下水污染量之擴散、傳輸模式很多，代入現地相關參數後，即可得到開發期間或開發後之地下水量或污染量，再據以專業判斷其顯著性。

有關地面水量和地面水污染量之擴散、傳輸模式很多，代入現地相關參數後，即可得到開發期間或開發後之地面水量或污染量，再據以專業判斷其顯著性。

10-2　生物類

生物類之影響顯著性依據下列原則判斷：

1. 個別物種在食物鏈中之關係與扮演角色。
2. 分析計畫區內個別關注物種生物環境之涵容能力。
3. 評估動植物之韌性。
4. 評估開發計畫對於計畫區內水、陸域棲息地物種多樣性之影響。
5. 考慮自然演替與計畫之干擾。
6. 評估開發計畫對於計畫區內重要經濟物種之影響。
7. 預估計畫區內瀕臨絕種的野生動物、珍貴稀有野生動物、特有種和其他應予保育野生動物，以及 IUCN 紅皮書列名之受脅和接近受脅物種可能發生之改變。

10-3 文化類

每一個考古遺址對完整了解人類歷史都很重要，其他文化資源從過去或未來之歷史觀點來看，也都很重要。在開發過程中，經常需要決定哪些遺址應被保存、哪些應再檢視以及必要之減輕對策。

可以從下列遺址選擇之面向，考慮其顯著性。

1. 遺址年代。
2. 當地居民之關切。
3. 考古調查成本。
4. 遺址深度。
5. 生態背景。
6. 遺址之合法性。
7. 預測遺址數。
8. 對當地、縣市及國家之重要性。
9. 估計最低搶救費用。
10. 遺址本質。
11. 可能受損遺址數量。

12. 單一或多重居住證明。
13. 考古資料之保存。
14. 對當地早期之了解。
15. 當地之遺址密度。
16. 遺址位置之重要性。
17. 受損遺址之保存。
18. 遺址規模。
19. 非考古性遺址之價值。

第十一章　研擬減輕對策

11-1　空氣品質

減輕對策是降低空氣品質之影響程度。主要原則係爲了降低開發計畫排放空氣污染物而修正設計，經過修正之措施或技術，可以藉由再次評估作業，檢討該減輕對策是否消滅或足以降低有害空氣品質影響。例如：

1. 限制露天燃燒廢棄物。
2. 灑水、鋪設卵礫石或紗網、塑膠布，以防止裸露地表或坡面風蝕。
3. 以電動機具代替燃油機具。
4. 採用高效率之空氣污染防治設備。

11-2　噪音

3 個可能降低噪音影響之途徑如下：

1. 降低噪音源之強度與規模。
2. 延長噪音源與敏感受體間之距離。
3. 提供或建置噪音源與敏感受體間之隔音屏障，如隔音牆、隔音林帶、隔音罩等。

11-3　土壤

降低土壤沖蝕之減輕對策如下：

1. 採用可減少施工或營運期土壤流失量之土壤沖蝕防治技術或設施。
2. 使用 BMPs 以降低非點污染源。
3. 農耕地建議採用輪作生產。
4. 在地震頻繁地區或地質脆弱地區，必要時可以採用大型抗震結構。

11-4 地下水

降低地下水影響之減輕對策如下：

1. 降低地下水資源使用量，避免造成海水入侵或有地層下陷之虞。
2. 海埔新生地和地下水管制區限制鑿井引水等地下水使用減量管理技術，以減緩持續下陷量或下陷速度。
3. 工業廢污水經過處理固化，不僅可以回收水量，也可以降低廢棄物清運費用，同時防止滲漏液之發生和流動。
4. 不透水設施可以限制廢棄物掩埋場之污染物質穿過或進入地下土層或地下水脈。

11-5 地面水

降低地面水影響之減輕對策如下：

1. 鼓勵節約用水或廢水處理再利用，以減少地表水使用或廢水產生量。
2. 為降低施工及營運期間之河川含砂濃度或含砂量，可建造沉砂池或種植生長快速之植物，攔截泥砂進入地面水體。
3. 適時適量使用農藥或除草劑，避免多餘之農藥或除草劑進入地面水體。
4. 使用 BMPs 或營造濕地，以降低非點污染源。

11-6 生物

一、生物影響減輕對策

減輕不利生物影響之方法，包括避免、縮小、修正、保育與補償。

1. 避免：避免開發行為破壞或干擾生態棲地。
2. 縮小：縮小或限制開發行為破壞、干擾生態棲地規模。
3. 修正：重新設計、調整施工技術或型式，修正開發行為以避免或縮小開發行為破壞、干擾生態棲地範圍。

4. 保育：劃定不同保育等級區域，分別避免或縮小開發行為破壞或干擾生態棲地範圍。
5. 補償：無法避免開發行為破壞或干擾生態棲地時，提出可行之補償作為。

二、工程生態檢核

工程生態檢核作業依據棲地內關注物種、指標物種和部分非列名保護物種之棲息、覓食、繁衍和避難等生活史，確認於核定、規劃、設計、施工和維護管理過程中之各項減輕不利影響之替代方案。

1. 迴避：迴避負面影響之產生。包括停止開發計畫、選用替代方案，或工程量體與臨時設施物之設置應避開有生態保全對象或生態敏感性較高的區域。
2. 縮小：修改設計縮小工程量體、施工期間限制臨時設施物對工程周圍環境的影響。
3. 減輕：經過評估工程影響生態環境程度，進行減輕工程對環境與生態系功能衝擊的措施。
4. 補償：為補償工程造成的重要生態損失，以人為方式於他處重建相似或等同之生態環境。

11-7　文化

文化影響之減輕對策如下：

1. 限制開發計畫規模以避開文化資產。
2. 重新設計、調整施工或其他改變方式修改開發計畫，以保護文化資產不受影響。
3. 修補或修復受損之文化資產。
4. 採取相關文化資產之保存或維護措施。
5. 搶救或遷移，並記錄必須破壞或永遠改變之文化資產。

第十二章　民衆參與

民眾參與之主要目的是有效利用來自於政府單位、私人與公眾利益團體之意見，以提升決策品質。民眾參與可以定義爲透過連續且雙向溝通處理，以促進民眾充分了解責任機構調查與解決環境問題及需求之程序和機制。

12-1　民衆參與之優缺點

以前許多開發計畫都以敦親睦鄰方式處理周邊居民之質疑或陳情抗議，一直以來，許多主體計畫雖然需要多次之調節或協商，最後也都能夠順利進行完成。近年來由於環保、生態、健康風險之意識深入民間，民眾也會爲了保障自身權益挺身而出，加上環保團體、生態保育團體和 NGO 等之努力，民眾參與就成爲開發或環評過程中不可或缺之重要事項。許多資深工程師認爲，民眾參與是一件極爲麻煩之事項，這是因爲工程師缺乏與民眾溝通和溝通技巧之訓練有關。

一、民眾參與之目的

Bishop（1975）列舉 6 個民眾參與目的如下：

1. 資訊傳播、教育和團體間聯繫。
2. 界定問題、需求和重要價值。
3. 腦力激盪和解決問題。
4. 意見反映、回饋於說明書或評估書初稿。
5. 評估替代方案。
6. 協商解決衝突。

二、民眾參與之優點

民眾參與才有機會讓利害關係人有機會了解開發計畫之目的，以及雙向溝通之機會。同時，民眾也可以藉由參與提供開發業者所缺漏之相關資訊。

民眾參與之優點如下：

1. 可以作爲資訊交換之機制。
2. 可以提供當地價值觀之資訊來源。
3. 可以協助建立規劃與評估程序之可信度。

三、民眾參與之缺點

民眾參與也不是沒有缺點，民眾參與之缺點如下：

1. 議題混淆之潛在性。
2. 過程結果之不確定性，以及潛在之計畫延遲。
3. 計畫成本增加。

民眾參與經常會擴大議題討論之範圍，沒有經驗之主其事者容易產生議題混淆之現象，新增加議題之複雜度會導致結果之不確定性、延遲計畫之完成日期，當然，規劃或施工期間拖延越久，計畫成本也會隨之增加。

12-2　民眾參與規劃

爲了達成民眾參與之目的，民眾參與必須謹慎規劃，才能夠讓各個階段之民眾參與得以發揮最大效益。

一、民眾參與規劃

1. 擬定環評相關階段之民眾參與目標。
2. 確認環評相關階段參與之民眾對象。
3. 選擇最適合達成目標與公眾溝通之技術。

4. 擬定民眾參與之實際可行計畫。

二、參與對象

民眾參與之對象，主要是 4 類型之利害關係人：

1. 居民：居住在計畫附近且立即受到計畫影響之居民。
2. 環保人士：從保護主義者到希望確保開發行爲能夠有效融入環境需求之生態學家或環保人士。
3. 受益單位：因開發計畫受益之商業和土地開發建設單位。
4. 反對人士：不想爲了保護荒野、風景區或清淨空氣和水質而犧牲高生活水準之人士。

12-3　衝突解決

民眾參與期間難免會因爲認知、價值觀、利益、情感等因素而發生衝突。

一、衝突類型

民眾參與期間可能發生之衝突類型如下：

1. 認知衝突：民眾對開發計畫有不同之理解或判斷。
2. 價值觀衝突：爭辯某項開發行爲或開發計畫目標是否可接受或應該進行。
3. 利益衝突：開發行爲之成本和利益很難平均分配，導致某些人比其他人對某項開發行爲有更大之關注。
4. 關係衝突：並非基於事實、價值觀或利益之情感動機所導致之衝突。

二、衝突解決

爲了開發計畫順利推動，或是了解計畫能否繼續推動，開發單位在衝突發生後，需要親自或經由第三勢力擔任調解人逐一解決。Creighton

（1981）提出解決衝突之 6 個關鍵條件如下：

1. 解決問題之動機：所有參與人或參與團體都有想要解決問題之動機。
2. 權勢大致相等：在擁有政治或立法權勢要全贏之情況下，雙方無意妥協，因此，雙方之權勢背景需要大致相等。
3. 可接受之最小失敗風險：調解人或第三勢力之干涉，有時候會失控導致失敗。
4. 組織權威：要達成有效解決衝突，調解人要具有一定之組織或機構權威和可信度。
5. 議題協商：調解人要擴大可協商議題之數量。可協商議題越多，達成正向結論就會越多。
6. 管控過程：有經驗之調解人會強調控制溝通過程之重要性。

12-4 口頭報告

開發單位可以藉由公開場合舉辦之公開說明會、公聽會或聽證會等作出口頭報告，以達到民眾參與之目的。

口頭報告規劃之項目如下：

1. 進行環評之依據。
2. 開發計畫之需求以及規劃開發時間、地點之目的。
3. 受影響環境之概述，特別關注之關鍵資源或現有環境問題。
4. 已確定之替代方案及其將使用或已使用之選擇過程。
5. 開發計畫初稿之關鍵訊息，包括其位置、整體設計考慮因素和特點、施工時間、營運模式、總體成本和預期效益。
6. 環評主要結論摘要。
7. 跨領域研究團隊在編製說明書、評估書初稿過程中所獲得之經驗和遭遇之困難。
8. 確認並感謝特別協助之個人、團體和／或機構。
9. 跨領域小組成員名單。

附錄一　符號說明

Ag	銀
As	砷
Ba	鋇
BBP	鄰苯二甲酸丁基苯甲酯
BOD	生化需氧量
Cd	鎘
Cl^-	氯鹽
CN^-	氰鹽
CO	一氧化碳
CO_2	二氧化碳
COD	化學需氧量
Cr	鉻
Cu	銅
DBP	鄰苯二甲酸二丁酯
DEHP	鄰苯二甲酸二（2- 乙基己基）酯
DEP	鄰苯二甲酸二乙酯
DMP	鄰苯二甲酸二甲酯
DNOP	鄰苯二甲酸二辛酯
DO	溶氧量
EC	導電度
F^-	氟鹽
Fe	鐵
HCHO	甲醛

Hg	汞
In	銦
MBAS	陰離子界面活性劑
MBAS	陰離子界面活性劑
Mn	錳
Mo	鉬
MTBE	甲基第三丁基醚
NH_3N	氨氮
Ni	鎳
NO_2	二氧化氮
NO_2N	亞硝酸鹽氮
NO_3N	硝酸鹽氮
O_3	臭氧
Pb	鉛
RSC	殘餘碳酸鈉
SAR	鈉吸著率
Sb	銻
Se	硒
SO_2	二氧化硫
SO_4^{2-}	硫酸鹽
SS	懸浮固體
TOC	總有機碳
TP	總磷
TPH	總石油碳氫化合物
TVOC	總揮發性有機化合物
Zn	鋅

附錄二　單位說明

$PM_{2.5}$	粒徑 ≤ 2.5μm 之懸浮微粒
PM_{10}	粒徑 ≤ 10μm 之懸浮微粒
ppm	體積濃度百萬分之一
CFU/m^3	菌落數／立方公尺
μg/m^3	微克／立方公尺
MPN/100mL	最可能菌落數／100 毫升
CFU/100mL	菌落數／100 毫升
mg/L	毫克／公升
NTU	濁度
μg/L	微克／公升
pH	氫離子濃度指數
μS/cm@25℃	導電度
meq/L	殘餘碳酸鈉
(meq/L)$^{1/2}$	鈉吸著率
℃	攝氏度
鉑鈷單位	色度
初嗅數	臭度
Hz	週期／秒
dB	分貝
Pa	巴斯噶

參考文獻

1. 交通部高速公路局，路死誰守——高速公路護生指南，交通部高速公路局，2019.01。
2. 沈世宏，讓專業爲公衆對話，行政院環境保護署，2013.04。
3. 沈世宏，公共政策二階段決定論下的公衆參與，新北市綠色能源產業聯盟議會工作坊，2023.07。
4. 黃光輝譯，環境影響評估，第二版，滄海書局，1998.05。
5. 饒辰書、胡婷涵、楊子瑩，台灣海域漏油事件頻傳，臺灣大學新聞研究所，2023。
6. Australian Centre for Human Health Risk Assessment, *Environmental Health Risk Assessment*, enHealth, Australia, 2012.
7. Canter, L.W., *Environmental Impact Assessment*, 2nd Ed., McGraw-Hill, Inc., 1977.
8. Petruzzello, M., *Encyclopaedia Britannica*. 2024.

國家圖書館出版品預行編目(CIP)資料

環境影響評估實務／黃宏斌著. -- 初版.
-- 臺北市：五南圖書出版股份有限公司,
2024.09
面； 公分
ISBN 978-626-393-657-7(平裝)

1.CST: 環境影響評估

445.99 113011657

5G63

環境影響評估實務

作　　者 — 黃宏斌 (305.5)
企劃主編 — 王正華
責任編輯 — 張維文
封面設計 — 封怡彤
出 版 者 — 五南圖書出版股份有限公司
發 行 人 — 楊榮川
總 經 理 — 楊士清
總 編 輯 — 楊秀麗
地　　址：106台北市大安區和平東路二段339號4樓
電　　話：(02)2705-5066　傳　　真：(02)2706-6100
網　　址：https://www.wunan.com.tw
電子郵件：wunan@wunan.com.tw
劃撥帳號：01068953
戶　　名：五南圖書出版股份有限公司

法律顧問　林勝安律師

出版日期　2024年 9 月 初版一刷
定　　價　新臺幣320元